活出自己

戒了吧，拖延症

王奕鑫 编著

团结出版社

图书在版编目（CIP）数据

戒了吧，拖延症 / 王奕鑫编著 . -- 北京 : 团结出
版社 , 2019.4（2023.11 重印）
（活出自己）
ISBN 978-7-5126-7046-4

Ⅰ . ①戒… Ⅱ . ①王… Ⅲ . ①成功心理—通俗读物
Ⅳ . ① B848.4-49

中国版本图书馆 CIP 数据核字（2019）第 082309 号

出　版：	团结出版社

（北京市东城区东皇城根南街 84 号　邮编：100006）

电　话：（010）65228880　65244790（出版社）
　　　　　（010）65238766　85113874　65133603（发行部）
　　　　　（010）65133603（邮购）

网　址：http://www.tjpress.com
E - mail： zb65244790@vip.163.com
　　　　　tjcbsfxb@163.com（发行部邮购）

经　销：全国新华书店
印　刷：金世嘉元（唐山）印务有限公司

开　本：145mm×210mm　　32 开
印　张：6 印张
字　数：110 千字
版　次：2019 年 4 月　第 1 版
印　次：2023 年 11 月　第 2 次印刷

书　号：978-7-5126-7046-4
定　价：29.80 元

前　言

日常生活和工作中，有人做事拖拖拉拉，犹豫不决，干一会儿就想玩一会儿，久而久之，就患上了拖延症。在心理学上，有个专业的名词很好地形容了这种心态——最后通牒效应。简单来说，这种效应指的是对于不需要马上完成的任务，人们总是习惯于在最后期限即将到来时，才努力去完成。

拖延是阻碍我们提高工作效率的最大杀手。可能有的人会说，这件事情我自己实在不喜欢去做。事实上，最真实的原因是自己并没有能力把当前的事情做好。这样一来，往往就会形成一种循环，越不愿意做的事情，就会拖延着不做。如果实在被逼急了，时间紧迫时，就会处于敷衍应付的状态中，草草完成了事。这样一来，自然谈不上做事的质量，更无法提高自己的能力。而最终我们也不会得到更好的发展机会，这样一来，我们还得继续做自己不喜欢的事情。在这样的恶性循环里，我们很难出人头地，做出一番轰轰烈烈的事业来。

如果换一种角度来进行思考，改变我们喜欢拖延的习惯，就可以高效率地完成手上的事情。这样一来，我们就可以空出更多的时间去做自己喜欢的事情。或者我们可以利用这些多出来的时间，想办法去钻研学习，提高自己的能力，慢慢地掌握一些要领，让自己在做工作的时候更加得心应手。这样一来，我们就会在工作的时候进行得非常顺利，慢慢地培养出对工作的兴趣。那些不喜欢的事情，也许会在这个过程中变得可爱起来，至少我们不会像之前那样讨厌这些事。

拖延症是可怕的，试想一下，如果医生喜欢办事拖延，那么有可能病人会因此而错过最佳的抢救时间；如果工人进行拖延，有可能会耽误后面的工作；如果学生进行拖延，有可能会在深夜还没有完成作业……拖延在一定条件下会变成一头尖牙利齿的怪兽，给我们造成很大的伤害。

因此，我们一定要改变这种坏习惯，学会如何去高效率地利用时间，那才是我们生活的最高秘诀。在生活中，有很多人对时间的感知是错误的，他们总觉得时间是无穷无尽的。今天过去了，还有明天；明天过去了，还有后天……却没有意识到"我生待明日，万事成蹉跎"，这可是古人都明白的道理。

著名的思想家苏格拉底曾经说过这样的话："当许多人在一条路上徘徊不前时，他们不得不让开一条大路，让那珍惜时间的人赶到他们的前面去。"由此可见，只有不拖延的人，才能更快地成功。

如果你是一个拖延症"患者"，那么，从现在开始，你应当慢慢矫正自己的拖延症，让效率和自信回归，这样，你才能成就更好的自己。

目　录

第一章
让自己爱上工作，你便不会再拖延

　　人之所以会在工作中拖延，很大一个原因是觉得工作枯燥，所以没有热情，自然就没有立刻去做的动力。而一旦爱上工作，对工作产生热情，你就会满怀热情地去做事，自然也就没了拖延，做事也就更有效率。

相信自己一定能做好

在一家企业中，有这样两个员工：一个对自己的能力总是持否定态度，觉得自己只能做一些简单的工作，就算是简单的工作，他也觉得自己无法把工作做到完美；另一个则对自己非常有信心，他认为自己只要肯花功夫，就一定能够把工作做到最好，实现自己的价值，成就更好的人生。

这两个人，谁最有可能把工作做好？

相信大部分人都会选择第二位，因为第二个人是一个自信心很强的人，而一个自信心很强的人，就已经拥有了把工作做好的先决条件。

自信对人来说作用无疑是巨大的，一个职场中人首先有自信，才能够做好工作。列宁从曾说过："肯定自己是走向卓越的第一步。"爱默生也说过："自信是成功的第一要领。"一个有信心的人，内心就会生出无限的勇气，帮助他克服前进途中所遇到的一切困难。所以，不要自己将自己埋没，如果你想要做好工作，事业有成，就一定要改变心态，学会自信。

自信是一种积极的心态，是对自我价值的一种肯定。通过对自己的信任以及对自我的肯定，大脑就会建立一种潜意识的思维模式，那就是自己会成为一个成功的人。正是因为有了这种积极的心理暗示，当我们遇到困难时，才可以成功从中走出，从而使自己一步步走向成熟。

周强从小生活在农村，从小失去了母亲，与父亲相依为命。由于生活的重担一下落在父亲一个人头上，生活的压力使他的脾气变得喜怒无常，脾气来了便对周强一顿打骂。在这样的环境中成长起来的周强开始变得敏感、忧虑，没有自信。他总是感觉别人在用异样的眼光看着自己，渐渐便把自己封闭起来，不与其他人接触，学习成绩也一落千丈。

后来，周强渐渐和一些不务正业的孩子走到了一起，打架、吸烟、寻衅滋事，成为别人眼中的"坏孩子"。父亲对他也没有办法，虽然屡次教导，但却没有丝毫效果。后来，父亲给他找了一位继母。开始，周强对这位继母充满了敌意，甚至还故意找麻烦。但没想到继母却并不与他计较，相反却很疼爱他，对父亲说："小强这么聪明俐伶，长大了一定有出息。"继母的这番话，给了周强很大的信心。他开始慢慢审视自己，觉得自己的确没有以前想的那样一无是处。他开始学着改变，学着打破自我封闭，走出自己的圈子与周围的人交往。慢慢地，老师和同学都注意到了他的这种改变。因为自信，所以他的身上充满了活力。他不再逃学，不再与同学打架，上课时也学会了认真听讲。老师也慢慢地鼓励他，他的成绩上升得很快，很快就进入班级前几名。毕业后，考取了省重点大学，让他的父母着实扬眉吐气了一回。

参加工作之后，周强做得也非常成功，现在已是一家大公司的市场总监。他周围的人都说，从周强身上，可以感觉到一种自信，一种活力。正是这种自信和活力让他有勇气面对所遇到的一切困难。而周强在谈及个人的经验时也说，自己之所以能有今天的成就，完全是受继母的影响，是她帮助自己走出了自卑的阴影，建立了自信，也因此而获得了成功。

信心是精神大厦的基石。只要信心存在，我们的精神就不会垮掉。好多时候，一些人之所以不能成功，并非他没有才华或者能力，而是他的信心发生了动摇，于是阻碍了自身能力的发挥，从而使他们与成功失之交臂。

在竞争日益激烈的职场，想要在众人中脱颖而出，信心就显得尤为重要。因为只有拥有自信，才勇于挑战困难，才勇于承担责任，才能把工作做好，获得更多的机会。或许，你很有才华，但如果总是对自己的能力产生怀疑，那么就会使自己的能力大打折扣。职场如战场，容不得你有半点的马虎和差错。只有树立起信心，才能让自己在困难中披荆斩棘，获得最后的胜利。

如果干什么事情都不能树立信心，这就相当于自己给自己设置心理障碍，自然也就很难把工作做好了。而一个人一旦有信心，就能够把工作做得更好，创造更大的价值。

1949 年，一位 24 岁的年轻人充满自信地走进美国通用汽车公司，应聘会计工作。他来应聘的原因只是因为父亲曾经说过"通用汽车公司是一家经营良好的公司"，并建议他去看一看。

在面试的时候，他的自信给助理会计面试官留下十分深刻的印象。当时只有一个空缺，而面试官告诉他那个职位十分艰苦难做，一个新手可能很难应付得来。但他当时只有一个念头，就是进入通用汽车公司，展现他足以胜任的能力。

当面试官在雇佣这位年轻人之后，曾对他的秘书说过："我刚刚雇用了一个想当通用董事长的人。"

这位年轻人就是通用汽车前董事长罗杰·史密斯。罗杰刚进公司的第一位朋友阿特·韦斯特回忆说："合作的一个月中，罗杰正经告诉我，他将来要成为通用汽车的董事长。"正如罗杰所愿，32 年后，他成了通用的董事长。

一位智者说过：生，非我所求；死，非我所愿；但生死之间的岁月，却为我所用。所以，你有什么样的企图，什么样的愿望，也就会成为什么样的人。如果你对自己总是持怀疑的态度，总是对自己说"我不行"，那么久而久之，这种思想就会在你的头脑中扎根，而你自己也真正沦为思想的奴隶。

　　一个人，首先只有自己肯定自己，然后才能突破自己，在工作中取得更大的成就。如果你总是对自己抱有一种怀疑的态度，又怎能奢望把工作做得更好呢？或许，你会说，我没有突出的才能，也没有过高的学历以及优雅的仪表，又怎么能让自己自信呢？可能你所说的都是实情。但事实却是，就算你什么都没有，你照样应该让自己满怀信心，因为自信本身就是一种财富。自信是一种力量，只要你拥有了它，哪怕是一个弱者，也照样可以使自己成为一个巨人。

任何时候都不要迷失了方向

在工作中，一时的迷茫是难免的。近几年流行的一句话替每个人的迷茫找到了注解——谁的青春不迷茫。但迷茫又是一种负面的情绪，迷茫会使一个人变得漫无目的，变得没有方向，如果不能够摆脱这种迷茫，那么最后等待他的将是平庸。

迷茫的人找不到生活的出口，所以被困在其中。而很多时候，不是我们不去寻找，而是没有目标，所以才在痛苦里迂回，在迷惘中徘徊。生活简单而又繁复地困着自己，找不到一个可以呼吸的口。爱情里，自己像颗棋子，进退不由自己；工作中，自己像个机器被人来回控制，所以才迷茫。

有的迷茫是人生没有目标，而有的迷茫是人生选错了目标。关于错误的目标，有这样一个笑话：

夜晚，一个人在房间里四处搜索着什么东西。有一个人问道："你在寻找什么呢？"

"我丢了一个金币。"他回答。

"你把它丢在房间的中间，还是墙边？"第二个人问。

"都不是。我把它丢在了房间外面的草地上了。"他又回答。

"那你为什么不到外面去找呢？"

"因为那里没有灯光。"

你肯定会觉得这个人很可笑。然而，我们中也有许多人每天都在错误的地方寻找自己想要的东西。

成功在一开始仅仅是一个选择。你选择什么样的目标，就会有什么样的成就，就会有什么样的人生。选择的目标在引领着人生的航向在驶向成功的彼岸。失却了目标，努力一万倍也只是徒劳。

　　而要解决迷茫的方法也很简单，那就是给自己找一颗人生中的北极星，也就是说，给自己的人生找好一个大方向。

　　我们都知道，北极星是野外活动、古代航海方向的一个很重要指标，另外也是小至观星入门之辨认方向星座，大至天文摄影、观测赤道仪的准确定位等皆为十分重要的参照物。由于北极星最靠近正北的方位，千百年来地球上的人也靠它的星光来导航。

　　比塞尔是西撒哈拉沙漠中的一颗明珠，每年有数以万计的旅游者来到这儿。可是在肯·莱文发现它之前，这里还是一个封闭而落后的地方。这里的人没有一个走出过大漠，据说不是他们不愿离开这块贫瘠的土地，而是尝试过很多次都没有走出去。

　　肯·莱文当然不相信这种说法。他用手语向这里的人问原因，结果每个人的回答都一样：从这里无论向哪个方向走，最后都还是转回出发的地方。为了证实这种说法，他做了一次试验，从比塞尔村向北走，结果三天半就走了出来。

　　比塞尔人为什么走不出来呢？肯·莱文非常纳闷，最后他只得雇一个比塞尔人，让他带路，看看到底是为什么。他们带了半个月的水，牵了两峰骆驼，肯·莱文收起指南针等现代设备，只挂一根木棍跟在后面。

　　十天过去了，他们走了大约八百英里的路程，第十一天的早晨，他们果然又回到了比塞尔。这一次肯·莱文终于明白了，比塞尔人之所以走不出大漠，是因为他们根本就不认识北斗星，不知道东西南北。

　　在一望无际的沙漠里，一个人如果凭着感觉往前走，他会走出许多大小不一的圆圈，最后的足迹十有八九是一把卷尺的形状。比塞尔村处在浩瀚的沙漠中间，方圆上千公里没有一点儿参照物，若不认识北斗星又没有指南针，想走出沙漠，确实是不可能的。

肯·莱文在离开比塞尔时，带了一位叫阿古特尔的青年，就是上次和他合作的人。他告诉阿古特尔，只要你白天休息，夜晚朝着北面那颗星走，就能走出沙漠。阿古特尔照着去做，三天之后果然来到了大漠的边缘。阿古特尔因此成为比塞尔的开拓者，他的铜像被竖在小城的中央。铜像的底座上刻着一行字：新生活是从选定方向开始的。

在迷茫时，我们的人生不就恰好需要一颗北极星吗？心中有一颗北极星，就能够坚定自己的方向，哪怕是在穷途末路的时候都能够坚定不移地朝着正确的方向去走。

其实迷惘就跟漫步在一望无际的沙漠一样。如果我们任由着心漫无方向地行走，最后还是回到原点。这时我们需要的是北极星，一个能够指引东西方向的参照物。这样走出迷惘便是轻而易举的事。所以每一种快乐，每一种新生活的开始，都是由一个方向开始的。只要有了方向，朝着方向一路走下去，就必定能走出一条康庄大道来。

一个年轻人应聘到一列三等火车上当司机助理。司机是个爱发牢骚的人，经常对这位新来的助理指手画脚。

转眼一个月过去，年轻人领到平生第一份薪水，心里甜得跟吃了蜂蜜似的，过一会儿就要拿出来数一遍。当他将钱数到第五遍时，那位司机终于忍不住说："小伙子，你别得意！你以为这个饭碗你就算捧住了吗？告诉你，你要过三个月才算通过试用期，前提是你不要惹什么麻烦。再熬上三年五载，假如你侥幸不被开除的话，你就可以像我一样当一个正式司机，到那时你才可以眉开眼笑地数钱玩。现在，我建议你小心看好自己的饭碗，老老实实干活去！"

年轻人窘得满脸通红，他认为司机没有权力这样羞辱他。但司机的话却提醒了他，让他思考一个问题："难道我只能以司机这个职业作为我的归宿吗？如果是这样，人生不是太平淡了吗？"他凝思半晌，心里立定了一个目标，他抬起头来，对还在唠唠叨叨的司机说："你以为我只想当一个司机吗？告诉你，我将来要做铁路公司的总经理！"

"什么？哈哈！"司机发出一阵怪笑，好不容易才停下来，喘着粗气说，"老板！我想我不得不叫你老板。你要是在我还没有退休之前当上总经理，我求求你不要开除我。"年轻人不理会他的嘲讽，冷静地说："如果你老老实实干活，我是不会开除你的。"

"哈哈，你开除我？但是我要告诉你，笨蛋，马上给我老老实实干活去！"

年轻人果然老老实实干活去了。但他刚才的宣言，不是为了争面子才说的赌气话。自此，他按总经理的标准严格要求自己，努力培养一个优秀总经理需要的各种素质。因为心中有这样一个目标存在，他的见识、他的言谈举止、他办事的态度都变得跟那些普通员工不一样了，给人一种鹤立鸡群的感觉。

就这样，他在公司里一步步地走下去，从实习司机到正式司机再到副主管，最后到主管，十多年后，他终于成了马利安铁路公司的总经理。

试想，如果这位年轻人的目标只是那一点点薪水的话，那么他还能够成为后来的总经理吗？年轻人因为在磨难中浸泡太久，所以无法找到真实的目标。尽管司机说的话不太好听，但是对他却起到醍醐灌顶般的作用，他的人生在此扭转。

一个人找准了方向，树立了自己的目标，比他在漫无目的的情况下奋斗十年二十年都有效。那些碌碌无为、失败的人生大多都是没有方向或者找错了方向。

　　著名哲学家葛特曼曾经说过："世间最凄惨的景象，莫过于看到一头迷路的小狗夹着尾巴走。"这话其实说的就是人生目标。一个人假如看不到目标，那么他面临的将是比死亡更可怕的东西。因为他的人生也因为没有目标而提前下了注脚。

　　很多人把别人的成功看作是运气，把自己的失败归结为时运不济，所以放弃了努力，破罐子破摔。其实，他们并不知道，但凡成功者，他们在寻找目标和坚持目标上所做的努力都是常人无法想象的。

　　所以，从现在开始，我们也扪心自问一下：我的心中有一颗北极星吗？

工作也有乐趣，只是你没有发现

在学生时代，老师总会告诉我们，兴趣是最好的老师。只要我们对某一门学科感兴趣，就能够把它学好。因为我们在做事的时候感觉到了乐趣，所以自然就不会有疲倦感，就会有动力把事情做好。比如在一个假日里你到湖边去钓鱼，整整在湖边坐了 10 个小时，可你一点儿都不觉得累，为什么？因为钓鱼是你的兴趣所在，从钓鱼中你享受到了快乐。产生疲倦的主要原因，是对生活厌倦，是对某项工作特别厌烦。这种上的疲倦感往往比肉体上的体力消耗更让人难以支撑。

一位心理学家来到一个建筑工地作实地调查。此时，刚好工地上有三个忙着敲石头的建筑工人，于是，他分别问了这三个人一个相同的问题："请问您现在在做什么事儿？"

听了心理学家的问题，第一个工人的脸顿时拉得老长，他语带怒气地回道："我在做什么？你难道没长眼睛吗？我正在用这把死沉的铁锤，敲碎这些可恨的石头啊！这些石头真是又臭又硬，我的手都快敲残废了，老天爷实在是太该死了！"说罢，他还使劲地甩了甩手，看他愤愤不平的神情，似乎恨不得甩掉自己悲惨的命运，以及手头上这把可恶的铁锤。

第二个工人则有气无力地哀叹道："我在修房子，这份工作可不是一般人能吃得消的，累死人不偿命啊！要不是为了养家糊口，谁愿意日晒雨淋没日没夜地敲石头啊？"他擦了擦额头上的汗水，满是无奈地摇了摇头，又继续挥手敲打眼前的巨石。

第三位工人却是一脸快乐的表情，他笑着说道："我正在修建这个世界上最宏伟的教堂，等它竣工之后，有很多信徒都会到这儿做礼拜。虽然敲石头是一件苦差事，但每次一想到未来将有好多人到这里接受上帝的关爱，我浑身就充满了积极向上的正能量。"

猜猜这三位建筑工人日后会有什么样的人生际遇？许多年后，心理学家找到了他们，原本在同一家建筑工地敲石头的三个人，现在竟然过着有如天壤之别的生活。

当年的第一个建筑工人现如今还是一个拿着微薄薪水的建筑工人，每天重复地干着敲石砌墙的辛苦体力活；第二个建筑工人的情况比第一个建筑工人要稍微好点，他现在已经是一个包工头了，每天带领自己的施工团队穿梭于各大工地，虽然衣食无忧，但也感觉不到快乐。至于第三个建筑工人，心理学家并没有花费太多的心思去寻找此人，因为他早就成为一个名气响当当的建筑公司老板，时不时地出现在各大报纸头版的新闻中。

三种工作态度造就三种人生际遇，与其说这是造化弄人，不如说是心态决定命运。

工作是我们实现自我价值的渠道，想要做好工作，我们当然需要先爱上自己的工作。故事中的第一个工人之所以感觉不到敲石头的工作的意义所在，完全是因为他没有在工作中找到任何的乐趣。当他把敲石头的工作当成是一件特别痛苦的事时，他的人生也就成了一出极其煎熬人心的悲剧，除了愁苦和烦闷，又还有什么值得振奋精神的东西呢？

有一些人或许也存在疑问，有些工作或许还有点儿意思，但很多时候，我们印象中的工作就是一种机械地重复，就是为了拿工资而不得不做的事情，哪儿来那么多乐趣呢？

其实，这种理解是完全忽略了人的主观能动性。我们都知道，人的兴趣是千差万别的。我们觉得感兴趣的事情在别人眼里可能非常枯燥，别人酷爱的事情在我们眼里可能也是乏味的。而造成这种区别的根本原因就在于"挖掘乐趣"。同样一件事情，一个人主动去挖掘其中的乐趣，那么他就会感受到快乐，就能够将它做得更好。反之，工作就会成为一种负累，让人觉得心力交瘁，工作自然也就流于庸俗了。

　　只要我们愿意在工作中挖掘属于自己的快乐，那么即便在建筑工地上干着泥水匠的粗活儿，也能找寻到自己的快乐，也能够把工作做得更好。反之，若是视工作如孙悟空头上的紧箍圈儿，认为工作不过就是为了图个马马虎虎的生存，那么我们也就无法把工作做好。

　　刘定大学毕业后的第一份工作是行政助理，这个职位原本就是女生居多，刘定作为一个大男生，成天和一群女同事打交道，确实有点不太自在。

　　工作的第一天，他就在 QQ 上向好友抱怨自己入错了行，寻思着是不是应该换一份工作。但身边的朋友纷纷劝他不要辞职，因为现在这个社会，找工作就跟找对象一样，下一个未必比眼前的这一个好，而且错过了这一村，未必就能碰见下一家店。

　　那该怎么办呢？成天愁眉苦脸地工作也不是一个长久之计啊，得亏刘定还算是一个悟性不错的人，他觉得快乐是一天，不快乐也是一天，与其带着负面消极的情绪去工作，还不如调整心态，抖擞精神，和女同事们打成一片，努力在工作中寻找乐趣。

　　事实证明他的想法是正确的，当他微笑着面对每一位同事时，同事也纷纷释出自己的善意，不仅在工作上给予他宝贵的建议，生活中亦是对他照顾有加。平时他要是工作任务太过繁重，忙得跟高速运转的陀螺一样，总会有女同事主动请缨，替他分担一些力所能及的事。

被同事的热心和友善所感染，刘定一下子就疯狂地爱上了这家公司，喜欢上了自己的这份工作。就这样，他的心情一好转，就连思维和手脚都要比原来活跃灵敏许多，烦琐单调的行政工作不再让他心力交瘁，他的工作做得十分到位，不到一年，经理就让他做自己的助理了。

孔子曾说："知之者不如好知者，好之者不如乐之者。"其实，刘定就是一个典型的"乐之者"，他把工作当成是一种快乐。兴趣是一个人最好的老师，出于这个强有力的动机，我们又何愁干不出一番骄人的事业，何愁不能拥有幸福快乐的生活。

其实，在工作中寻找乐趣并不是无路可寻，只要我们有心，执着地往前多行进一步，快乐往往近在咫尺。

在工作中寻找乐趣的第一步，首先应该是怀抱一颗乐观感恩的心，全力塑造一个积极向上的工作观。《宁静之祷》中有这么一句话，"请赐我宁静，去接受我不能改变的一切；赐我勇气，去改变我所能改变的一切。"世界上无法改变的事情多得数不胜数，唯有我们的心态可以任由自己做主。相信每一个人在做自己喜欢做的事时，很少会感到疲惫乏味，因此，我们一定要带着感恩之心去热爱自己的工作，只有这样，工作中的乐趣才会从天而降。

除此之外，积极的工作态度也必不可少，把工作当成巨大包袱的人，不仅不会从工作中找到乐趣，反而会沦为工作的奴隶。工作的时候就应该学习希尔顿，即便是洗一世的马桶，也要立誓当一个洗马桶行业最为出色的人。

最后，不要惧怕工作会枯燥无味，不管是哪一种工作，我们都可以从中挖掘出它的兴趣点所在。比如，有的职业需要和许多人打交道，人际交往其实也是充满乐趣的，与人交谈的时候，我们可以细心聆听对方丰富的人生经历，一方面增长了自己的见识，另一方面又为自己拓展了人脉资源，可谓是一举两得。

职场成功向来青睐开心工作之人，它就像一面一尘不染的镜子，我们笑着对它，它也会投桃报李，回赠我们一张嘴角漾起笑花的脸蛋。那么还等什么呢？如果你现在正闷闷不乐地干着自己的一份工作，那么请立马转变心态，马不停蹄地在工作中寻找属于你的乐趣吧！

敢去想，你才敢于行动

对一份工作的热爱取决于自己对这份工作的信念。当一个人有着强烈的成功欲望，而且信念极其坚定的话，那么他也就能够用尽全力，把这份工作做到最好，并最终达成自己的目的。

而强烈的成功信念又来源于"敢想"的心，只有敢想，敢于给自己一个远大的期望，那么他才会有更强烈的信念，才能够让自己对工作投入更多的热情，也就能够把工作做得更好。

熟悉汽车的人都知道，现在汽车的发动机最多可以达到16个缸，比如一些速度极快的跑车。而一些四缸、八缸的车也不少见。可是有多少人知道，在汽车出现之初，双缸被人们认为是汽车发动机缸数的极限。

可是偏偏有人就不信这个邪。

美国著名的汽车之父福特，在生产汽车时，他的公司只生产两缸汽车。有一天，福特突发奇想，他觉得，两缸汽车产生的马力有限，可不可以生产出更多的汽缸，以扩大汽车马力呢？

于是，福特找到了公司里的科研人员，并对他们说："现在我要让你们研究生产四缸汽车。"

科研人员听了之后都摇头说："我们不可能生产得出来。"

福特说道："我不管什么可能不可能，你们给我研究就是了。"

研究了一年之后，科研人员还是说："报告老板，四个缸的汽车是不可能生产的。"

福特愤怒地说："你们这些蠢货，让你们研究，你们就继续研究，明年我还是要你们研究四缸汽车。"

这些科研人员都靠福特吃饭，老板的话怎么能不听，于是他们又开始研究起四缸汽车来。

到了第二年年底，他们的研究又告失败，于是他们对福特说："报告老板，四缸汽车确实是不可能生产出来的。"

当时，福特真是大发雷霆，说："你们这些蠢货！明年再研制不出四个缸汽车，就把你们炒掉！谁再说不可能，就滚开！你们最好一起思考如何才能生产四个缸的汽车？"

这些科研人员心里也很烦，可是没有办法，自己毕竟端老板的饭碗，只有继续。没想到第三个年头不到半年，四缸汽车竟然真的被研制出来了。

后来，福特说："不是不可能吗？为什么这半年就研制出来了？"其中一个组长说："报告老板，在原来的意识中，我们不相信，能生产出四个缸的汽车。可是这半年，我们每个人都问自己一个问题，我们如何才能生产四个缸的汽车？"

福特笑了笑说："你们问对了问题，如果你们问'我们何必要生产四个缸的汽车'，那么汽车工业史恐怕就要改变了。"

这个故事告诉我们，很多事情不是我们不能做到，而是我们缺乏坚定的信念，有没有思考过如何才能做到？对于工作和生活中的很多事情，有时候多一些思考，往积极的方面思考，这样才能把不可能的事情变成可能，才能把工作做到最好。

篮球运动是现代体育赛事的一个重要组成部分。在我们的印象中，篮球运动员都是魁梧挺拔、身高臂长的"巨人"。例如姚明和奥尼尔。而在NBA赛场上，就曾经出现过一批个子矮小的运动员，这其中就包括博格斯。

博格斯身高只有1米6，在东方人的眼里也算矮子，但这个矮子却不简单，他是NBA表现最杰出、失误最少的后卫之一，不仅控球一流，远投精准，甚至在对方高个队员中带球上篮也无所畏惧。

每次看到博格斯像一只小黄蜂一样，满场飞奔，球迷心里总忍不住赞叹。他不只是安慰了天下身材矮小而酷爱篮球者的心灵，也鼓舞了平凡人内在的意志。

那么，博格斯是如何在职业篮球的赛场上为自己谋得一席之地的呢？

博格斯当然不是天生的好手，他从小就长得特别矮小，但他非常热爱篮球，几乎天天都和同伴在篮球场上玩耍。当时他就梦想有一天可以去打 NBA，因为 NBA 的球员不只是待遇奇高，而且也享有风光的社会地位，是所有酷爱篮球的美国年轻人心中最向往的梦。

博格斯经常这样告诉他的同伴："我长大后要去打 NBA。"所有听到他的话的人都忍不住哈哈大笑，因为他们"认定"一个 1 米 6 的矮子是绝不可能打 NBA 的。

同伴的嘲笑并没有阻断博格斯的信心和志向，他用比一般人多几倍的时间和精力去练球，终于成了全能的篮球运动员，也是最佳的控球后卫。他还充分发挥了自己矮小的优势，行动灵活迅速，往往让对手防不胜防；运球的重心偏低，很少会出现失误；个子小不引人注意，投球常常得手。

因为敢想，博格斯坚定了自己的成功信念，所以他在篮球事业上更加努力、更加拼命，只为一个目标——进入 NBA。也正是因为有了这种强烈的信念，他拼命地把训练做好，把每一场比赛打好，也最终收获了成功。

"敢想"是一种心态上的转变，敢想能让一个人对工作投入更多的热情，这样他也就能够把工作做到最好。因为心中的信念会时刻指引你去努力工作，自然也就能够把工作做得更好。

所以，任何时候，我们都要给自己一个强大的信念，坚定自己的目标，爱上自己的工作，也唯有如此，我们才能够取得人生的突破。

点燃你的做事热情

在工作当中，有这样两种人存在：第一种人，他们对工作非常投入，倾注了极大的热情，仿佛工作本身对他们就有一种天然的吸引力；第二种人，他们几乎很少有精神振奋的时候，面对工作总是一副无精打采的样子。

试问，这两种人谁能把工作做得更好呢？

答案是不言而喻的，当然是那个对工作保持热情的人。原因也很简单，如果一个人对工作保持了最大的热情，那么他也就会以最佳的状态去做事，他自然就能够把工作做到最好。在众多的成功人士的身上，我们都可以看到他们对生活对事业都充满了热情，就如同富有魅力的演员热爱舞台和观众，极具领导风范的企业家热爱他的企业和员工……可以说，热情是促使他们成功的动力，而如果没有了热情，那他们的事业也就成了镜中花，水中月。

可见，热情在某种意义上说，是一个人做好工作的重要内容，是一种做好工作的力量。每一个成功的人背后，都有热情的存在，每一位成功人士都拥有对事业的无限热情，而正是热情，推动了他们走向成功的步伐！

在美国标准石油公司曾经有一位推销员叫阿基勃特。他对工作充满了热情，作为一名推销石油的业务员，他无时无刻不在推销着自己的产品，即使他在出差住旅馆的时候，总是在自己签名的下方，写上"每桶4美元的标准石油"字样，在书信及收据上也不例外，签了名，就一定写上"每桶4美元的标准石油。"因此，他被同事们戏称"每桶4美元。"而他的真名却很少有人叫了。

当公司董事长洛克菲勒听说了这个人后说："竟有职员如此努力宣扬公司的声誉，我要见见他。"于是邀请阿基勃特共进晚餐。当洛克菲勒卸任的时候，阿基勃特成了第二任董事长。

在签名的时候署上"每桶4美元的标准石油"，这算不算小事？严格来说，这件小事根本不在阿基勃特的工作范围之内。但阿基勃特做了，并坚持把这件小事做到了极致。那些嘲笑他的人中，肯定有很多人的才华、能力在他之上，可是却没有几个人把爱业、敬业、勤业的热情化作一种有影响力的企业文化精神，最后，也只能是他成为董事长。

当一个人将自己的全部热情专注于工作的时候，即使是最乏味的工作，也一样能够做得饶有兴致。当一个人把自己的全部热情都用在工作上的时候，热情就转化成为工作的动力，工作起来自然游刃有余，成功也在向他靠近。

一位著名的金融家有一句名言："一个银行要想赢得巨大的成功，唯一的可能就是，他雇了一个做梦都想把银行经营好的人做总裁。"所以说，当一个人投入全部的热情在工作上，他就等于在不断接近成功。

罗宾·霍顿是华盛顿哥伦比亚特区紧急安全保卫机构的创始人，他可以说是一个对工作饱含热情的楷模。尽管对别人来说，霍顿的收入颇丰，但是，霍顿却认为，她喜欢的是她所从事的工作，这一点远比金钱更为重要。她所创办的这家企业主要是为工商界、联邦政府和居住区的客户设计和安装保安系统。

霍顿对工作有着极大的热情。她喜欢因自己能确保客户的安全而获得的满足感。"我知道我在保护人们，"她说到，"我在拯救人们的生命，我使他们能够在自己的企业或者家里不用担心会有什么危险，他们可以高枕无忧。"在她的心中，始终想的是如何给别人提供安全保障。这种对工作的热情，也成了她获得成功重要的因素。

巴甫洛夫曾说过："要有热情，你们要记住，科学需要一个人贡献出毕生的精力，假定你们每人有两次生命，这对你们来说还是不够的。科学要求每个人有极紧张的工作和伟大的热情。希望你们热情地工作，热情地探索。"

俄国伟大的文学家托尔斯泰也说过说："一个人若是没有热情，他将一事无成，而热情的基础正是责任心。"当今这个充满了挑战和机遇的时代，只有倾注更多的热情，我们才能抓住机遇，从而干出一番轰轰烈烈的事业。

比尔·盖茨的微软公司，能够在 IT 世界傲视群雄的一个重要因素，就是在比尔·盖茨的公司中聘用的所有员工所不可缺少的素质，即对工作的热情和激情。

比尔·盖茨有句名言："每天早上醒来，一想到所从事的工作和所开发的技术将会给人类生活带来的巨大影响和变化，我就会无比兴奋和激动。"这句话表明了他对工作的热爱和激情。而且他的微软公司在聘用时宁愿任用失败的人，也不愿任用对工作没有激情的人。

微软在对应聘人员面试时有一个名为"挑战"的测试。被测的人会拿到一个没有标准答案的试题，例如：在没有秤的情况下，如何测出一架喷气式飞机的重量？答案当然不是唯一的，在整个面试过程中，考官会对被测试者的答案进行不断的反问，如果被测试者能够运用自己的逻辑思维为自己的答案进行辩护，并连续挫败两次"挑战"时，才算是顺利通过。而如果被测试者不断地改变自己的答案，那么他的得分将是零。这个测试是为了验证其是否对工作有无限的激情，如果一个没有激情的人对自己的答案不断地放弃不断地改变，那么这样的人绝对不会被录取；而一个对工作充满激情的人将始终坚持自己的立场观点，只有这样的人才能被录用。在比尔·

盖茨看来，一个优秀的员工，最重要的素质不是能力、责任或其他（尽管它们也不可缺少），而是对工作要充满无限的热情。

热情可以让我们在工作中发挥出蕴藏着极大的力量，而这力量足以让我们看到成功的奇迹。对职场人士来说，热情是成就事业的基石，是成功的动力源泉。有了热情，我们才能更专注于眼前的工作，有了热情，我们才能在职场获得更大的进步，有了热情，我们才会学到职业范围内的更多专业知识，这对我们的职场生涯来说，无疑是一笔巨大的财富。只有倾注对工作的热情，才能让我们从事的事业取得更大的成功！

面对你热爱的事业，你还会拖延吗？

无论拥有一份什么样的工作，我们都应该认真地思考一个问题：
"我们究竟是为什么而工作？"大部分人认为工作是为了薪水，还有
些人认为工作是为了消磨时间，只有很少一部分人能在工作中获得
快乐、成长和幸福。

不可否认，工作确实能够为我们换取生存资源，为我们打发掉
无聊的日子，但它最重要的作用并不在这两者，而是我们能通过它
体现自己的真正价值。如果一个人饱食终日却无所事事，他是不会
感到快乐和幸福的，相反他的生命将被无聊、枯燥所充斥，他的人
生将如一池死水泛不起一丝波澜。

很遗憾，在现实生活中，不少人都认为薪水是自己身价的标志，
所以绝对不能低于别人。尤其是一些初入职场的年轻人，当实际拿
到手的薪水与他们想象中的大相径庭时，他们常会消极被动地对待
工作，也没有把工作做得更好的决心，具体的表现如下：

一、敷衍工作。他们认为企业支付给自己的工资太少，所以有
理由随便应付工作以示报复。这种消极的心态直接导致他们工作时
缺乏激情，能逃避就逃避，能偷懒就偷懒。不难发现，这种人工作
仅仅是为了薪水，他们从来不觉得这和自己的前途有着什么必然的
联系。

二、到处兼职。为了补偿心理的不满足，他们身兼数职，可是
由于不停地转换角色，致使自己长期处于疲劳状态，结果什么工作
都做不好，自然钱也赚不到。

三、时刻准备跳槽。由于薪水不如自己的预期，很多人就将现

在的工作当成跳板，时刻准备着跳槽，希望有朝一日能觅得高枝，但最终却因对工作的三心二意，在职场中到处碰壁，什么也捞不着。

总之，一个人如果只是为了薪水而工作，把工作当成解决生计的一种手段，自己却缺乏更高远的目标，那最终他会把工作做得更加糟糕，让自己成为庸庸碌碌大军中的一员。

其实，不同的职业观，往往会带来不同的工作状态，从而造就有着天壤之别的人生际遇。我们如果抱着为薪水而工作的态度，势必不能把工作做得更好。只有抱定为自己工作的态度，才能够让自己在工作中发挥最大的主动性、创造出最大的价值来。

齐瓦勃是伯利恒钢铁公司——美国第三大钢铁公司的创始人，他在美国的乡村长大，小时候家境贫寒，身无分文。可就是这样一个一贫如洗、且只受过短暂的学校教育的人，却有着异于常人的事业心，无时无刻不在寻找着发展的机遇。

后来，齐瓦勃来到钢铁大王卡内基的一个建筑工地打工。在踏入建筑工地的那一瞬间，他就暗暗地告诉自己一定要成为同事中最为优秀的那个人。因此，当工地上的同事纷纷抱怨工作辛苦、薪水低廉而消极怠工的时候，他却表现出了积极向上的工作态度，始终认认真真地工作，默默地积攒着工作经验，同时还自觉地学习陌生的建筑知识，为以后的发展打好坚实的基础。

有一天晚上，同事们都围坐在一块说笑聊天，齐瓦勃却一个人躲在角落里啃书本。没想到，这天刚好公司经理来工地上检查工作，他在无意中看见了在墙角看书的齐瓦勃，于是，他好奇地走了过去，翻看了一下齐瓦勃手中的书和笔记本，最后一言不发地离开了。

第二天早上，公司经理问齐瓦勃："你学建筑知识做什么呢？"

"我想我们公司并不缺少打工者，缺少的是既有工作经验、又有专业知识的技术人员或管理者，对吗？"齐瓦勃慢条斯理地回道。

经理笑着颔首，对齐瓦勃的回答表示肯定和赞赏，不久，齐瓦勃就被升职为技师。

很多同事曾嘲讽齐瓦勃的不自量力，他却自信满满地说道："我不光是在为老板打工，更不单纯为了赚钱，我是在为自己的梦想打工，为自己的远大前途打工。我们只能在业绩中提升自己。我要使自己工作所产生的价值，远远超过所得的薪水，只有这样我才能得到重用，才能获得发展的机遇！"

好一个"我是在为自己的梦想打工"！事实证明，齐瓦勃这种积极正面的工作心态是正确的。正所谓，皇天不负苦心人。他通过自己的努力，凭借着自己积极向上的工作态度，终于建立了一家属于自己的大型的伯利恒钢铁公司，从一个普通的打工仔，华丽转身，成了一代钢铁大王。

这是"为老板工作"和"为自己工作"两种不同的职业观带来的人生际遇的差别所在。

为什么齐瓦勃"为自己工作"的职业观能给他带来事业上的辉煌成绩，而我们却在"为老板工作"的消极心态中做一天和尚撞一天钟，始终无所收益呢？

答案其实很简单。"为自己工作"的心态能让我们在职场上始终保持着一种积极向上、斗志无限、活力四射、充满激情的拼搏精神，我们会把公司看成是自己的公司，对于任何与公司兴衰存亡有关的事情，都会全力以赴，百分百地去付出，自然这种热情就能够帮助我们把工作做好。

英特尔公司前董事长安德鲁·格罗夫曾发自肺腑地说道："无论在什么地方工作，我们都不应把自己只当作公司的一名员工，而应该把自己当成公司的老板，把工作当成自己的事业。"由此可见，一个人如果想在所属的公司取得良好的成绩，在该行业获得长远的发展，并不在于其学历如何，职位如何，关键是以什么样的心态去对待工作。

杰克在一家快速消费品公司已经工作了两年，一直处于不温不火的状态，待遇不高，但能学到不少东西，还算是比较锻炼人。但在最近和一些老朋友的交流过程中，他发现大家都发展得不错，各方面都要比自己好，这让他开始对现状不满，每天都绞尽脑汁，想着怎么跟老板提加薪或者找准机会跳槽。

终于，他找了一次单独和老板喝咖啡的机会，开门见山地向老板提出了加薪的要求。老板笑了笑，并没有理会。经过这件事，他对工作再也打不起精神来，于是变着法儿消极怠工。一个月后，老板把他的工作移交给了其他员工，大概是准备"清理门户"了。见状，他赶紧知趣地递交了辞呈。

可令他始料未及的是，在接下来的几个月里，他并没有找到更好的工作，所有应聘过的公司给他开出的待遇甚至比原来的还差。

在职场上，像杰克这样本想加薪，最后却赔了夫人又折兵的员工比比皆是。说到底，还是因为他们在工作中无法做到以老板的心态去工作，明明自己的付出十分有限，却奢望得到远远高于付出不知多少倍的回报。

总之，面对工作，只有像老板一样去思考，像老板一样去行动，我们才能将自己的工作做到完美，最终成为老板心目中值得信赖和重用的优秀员工。

有一位成功人士曾如是说道："如果你时时想着公司的事，总把工作放在心上，老板就会时时想着你的前途，把你放在心上；如果你很少想着公司的事，时常把工作抛在脑后，老板就会很少思考你的未来，也会把你抛在脑后。"可以看到，老板都希望员工能成为他本人的替身，去帮他完成自己力所不能及的工作。

正因为这样，我们才要努力破除打工者心态，把工作当成是自己的事业，就像主人翁那样，总是将工作放在心上，想方设法去追求卓越，力求完美。只有这样，我们才能在事业上收获非凡的成就，从而给自己的人生添上浓墨重彩的一笔。

破除职场迷茫，让自己不再拖延

在职场当中，人难免会出现各种迷茫，而迷茫的情绪一旦出现，就会影响到整个人的工作状态，自然也就无法让人把工作做到最好了。这些处于职场迷茫期的人，是很难把工作做得更好的，他们往往会在"抱怨""忍耐""寻求岗位价值最大化"这三条对策中任选一条。

所谓抱怨就是一味地埋怨自己所处的困境，不思进取，不停地向自己和别人灌输负能量；而忍耐则是不论当下的情况如何糟糕，都选择去忍受这种状况，无动于衷；而寻求岗位价值的最大化则是一种力求把当下工作做得更好，实现更多价值的一种对策。

其实，不同的对策就跟田忌赛马一样，可以分为上、中、下三等。下策自然是"抱怨"，比"抱怨"稍微好一点儿的就是中策"忍耐"，而"寻求岗位价值最大化"与前面两条对策相比，必然是解决职场迷茫期的"上策"。

在竞争日益激烈的职场，大部分人对于工作中出现的迷茫都显得手足无措，压根就搞不清楚问题的症结所在。因此，人们通常都会陷入一种充满抱怨的负面情绪之中，整天唉声叹气，抱怨公司待遇不好，抱怨老板不讲人情，抱怨同事勾心斗角，抱怨客户龟毛难搞……抱怨这个，抱怨那个，唯独不愿意抱怨自己，追本溯源从自己身上寻找问题的根源。

这种酷爱抱怨之人，他们的自我责任感一般都比较差，奋斗拼搏的精神也不怎么强，工作也就不怎么出色。公司为他们提供了一个岗位，他们却没有好好地珍惜，去充分挖掘这个岗位背后潜藏的巨大价值。面对工作，他们时常抱着"差不多就行了"的敷衍态度，长此以往，工作就不可能变得出色，加薪升职自是与他们无缘。

如果说频繁的抱怨听起来让人觉得心烦，那么压抑心底的忍耐就平添了几分可怜的色彩。毕竟，默默无闻的忍耐只会给自己带来伤害，并不会过多地累及旁人。

面对工作中的迷茫，一个选择忍耐的人，其精神总是处于紧张和焦虑的状态，他们和喜欢抱怨的人一样，都没有弄明白问题究竟是出在哪里。对于现有岗位提供的机会，他们的认识程度和挖掘深度虽然都比抱怨者高出许多，但还是远远不够。

千万不要认为忍耐一时能换得风平浪静一生，经年累月的忍耐不仅会让人在事业上平庸无为，它最终还会变本加厉，于悄无声息之中，拧断一个人的精神之弦。

因此，我们若想成功地度过职场迷茫期，就必须毫不犹豫地选择上策——寻求岗位价值最大化。只有这样，我们才能在跳槽高就无门、自主创业无路的情况下，拼尽全力将手头上的工作做好，充分挖掘当下岗位潜藏的宝贵机会，建立工作带给我们的成就感。当我们把本职工作做到极致的时候，一定会发现自己成长得比谁都快，迷茫再也不会盘踞在我们的心头，取而代之的将会是对未来职业方向的自信和自知。

费玉心已经快30了，今年是她在公司工作的第七个年头，和其他的职场老人一样，她也正面临着工作"七年之痒"，面临着一些迷茫。

可幸运的是，她并没有随波逐流，傻乎乎地选择抱怨和忍耐，而是采取积极的行动，像奥运选手冲刺金牌一样，愈加认真地对待手头上的工作。当其他同事趁老板不注意，偷偷地听歌、看电影以及闲聊时，她却争分夺秒地埋首于案前，从自己花尽心思的工作中不断地寻找茁壮成长的快乐。

人的潜力果然无限，费玉心秉着"做一行，精一行"的工作态度，其业绩竟然在不知不觉中水涨船高，最后遥遥领先于部门的其他同事。就这样，她从一个名不见经传的小职员，摇身一变，一下子就成了公司的"大明星"，不仅同事对她爆发出来的惊人能量暗自称奇，就连公司老板也对她这匹黑马竖起了大拇指。

前不久，公司老板就示意人事部门找费玉心谈话，谈话内容自然是升职加薪的大喜事儿。现在想想，一个人要是能升职加薪，最关键的一点儿应该还是他已经把手头上的工作做到了极致，成功实现了岗位价值的最大化。若非如此，同事费玉心也不可能顺利度过工作的迷茫期，公司老板更不可能金口玉言，应许她一个美好的前程。

比尔·盖茨曾说："每一天，都要尽心尽力地工作，每一件小事情，都力争高效地完成，不是为了看到老板的笑脸，而是为了自身的不断进步。"由此可见，只有倾尽全力做好本职工作，不为自己留下一丝疑惑的空间，寻求岗位价值的最大化，才能不断完善自身，把工作做得更好，也唯有如此，我们才能拨开职场的重重迷雾，再睹光明。

第二章
保持专注力，你才能不再拖延

拖延的最大症状就是注意力涣散。工作中，有的人做了几分钟，便想拿出手机，刷刷微博，看看微信，一个小时下来，可能什么事情都干不成。所以，戒除拖延症之前，你必须要学会保持自己的专注力，让自己更加专注地去工作。

因为专注，所以专业

专注，意味着集中精力发展与突破。很多人涉足很多领域，学习很多知识，其实内心还是很虚弱的，每一项都没有很强的竞争力。

专注是几乎所有成功者身上的一个共性。IT行业里还有一个鼎鼎有名的人，叫王文京，是用友软件集团公司的董事长。十几年的时间，王文京从一介书生发展到个人身价高达数十亿元，他一手缔造的用友软件也牢牢占据着中国财务软件的主导地位。谈及自己的创业，王文京用最简单的语言概述他的精华："一生只做一件事：专注、坚持。要想在任何一个行业出头，必须有沉浸其中十年以上的决心，人一生其实只能做好一件事。"正是凭着这朴实而坚定的人生信条，王文京实现着用友软件商业化的梦想。

专注于某一件事情，哪怕它很小，努力做得更好，总会有不寻常的收获。

例如，有一位陕西农村妇女没读完小学，连用普通话表达意思都不太熟练与清楚。因为女儿在美国，她申请去美国工作。她到移民局提出申请时，申报的理由是有"技术特长"。移民局官员看了她的申请表，问她的"技术特长"是什么，她回答说是会"剪纸画"。

她从包里拿出剪刀，轻巧地在一张彩纸上飞舞，不到3分钟，就剪出一组栩栩如生的动物图案。移民局官员连声称赞，她申请赴美的事很快就办妥了，引得旁边和她一起申请而被拒签的人一阵羡慕。

这个农村妇女没有其他的能耐，但她有一手别人都没有的剪纸手艺。一个人没有学历，没有工作经验，但只要有一项特长，一处与众不同的地方，就可能得到社会的承认，拥有其他人不能获得的东西。

可是在我们身边，许多人往往走入误区，譬如一些大学生在校读书期间，忙着考这证考那证，证书弄了一大摞；忙着做主持、当模特，业余职业换了一个又一个，但毕业之后却很难找到一份合适的工作。原因就是由于他们分散了时间和精力，没有专注于某一件事情，结果事与愿违。

北京某品牌设计公司老总，在谈到自己的创业心得时说："术业有专攻，我应该把我擅长的事做精、做细。其实其他公司也做得很好，但我们因为只做了这一项，就更专业化了，分工更细致了，客户也就自然会想到我们了。"

有人曾向意大利著名男高音歌唱家卢卡诺·帕瓦罗蒂请教成功的秘诀，他每次都提到父亲的一句话："如果你想同时坐在两把椅子上，你可能会从椅子中间掉下去，生活要求你只能选一把椅子坐上去。"

帕瓦罗蒂在回顾自己走过的成功之路时说："当我还是一个孩子时，我的父亲，一个面包师，就开始教我学习唱歌。他鼓励我刻苦练习，练好基本功。当时我兴趣广泛，有很多爱好和目标——想当老师、想当科学家、还想当歌唱家。父亲告诉了我这句话。"

"经过反复考虑，我选择了唱歌。于是，经过7年的不懈学习，我终于第一次登台演出了。又用了7年，我才得以进入大都会歌剧院。而第三个7年结束时，我终于成了歌唱家。要问我成功的诀窍，那就是一句话：请你选定一把椅子。"

人无我有，比的是创意。但创意不消多久就会遭到模仿与复制。

这个时候，比的就是人有我精。

所谓"精"，指的就是自己所能拥有的比别人的好，有深度。怎样才能比他人的好、有深度？——专注，用专注成就专业，用专业成就深度。成就事业如同挖井，东一锹西一锹，是很难打出一口水源丰富的水井的。

一生只做一件事，专注、坚持。要想在任何一个行业出头，必须有沉浸其中十年以上的决心，人一生其实只能做好一件事。

驰名中外的舞蹈艺术家陈爱莲在回忆自己的成才道路时，也告诉人们"聚焦目标"的重要性："因为热爱舞蹈，我就准备一辈子为它受苦。在我的生活中，几乎没有什么'八小时'以内或以外的区别，更没有假日或非假日的区别。筋骨肌肉之苦，精神疲劳之苦，都因为我热爱舞蹈事业而产生，但是我也是幸福的。我把自己全部精力的焦点都对准在舞蹈事业上，心甘情愿为它吃苦，从而使我的生活也更为充实、多彩，心情更加舒畅、豁达。"

其实，这种聚焦目标的行为都源自一个人对自己所做之事的专注，因为专注，他才不会见异思迁、三心二意、半途而废，他才能克服途中遇到的一切困难和阻碍，并摒弃内心深处的迷茫和沮丧，最终顺利到达成功的彼岸。

现实生活中，很多人总是犯不懂装懂的毛病，因为生怕别人瞧不起自己。他们不管别人说什么，总是不由分说地插嘴抢话，似乎这样就能表现出他们的优秀和博闻强识。在他们作为主角进行讲述的时候，他们也是如此，总是滔滔不绝地向别人介绍各种东西，似乎别人一无所知，而他们则是无所不知。他们的语气坚定不移，似乎由他们口中所说出的一切都是真理。他们真的这么强势吗？实际上，他们只是因为内心的空虚，因为害怕别人觉得他们无知，才会如此表现的。

　　由此可见，在职场上，我们要学会培养自己的专注心，紧盯目标，心无旁骛地去工作，只有这样，我们做事才更有效率，老板才会更加欣赏我们、重用我们。

最重要的事情最先做

阿强要在客厅里挂一幅字画，便请邻居来帮忙，字画已经在墙上扶好，正准备砸钉子。邻居说："这样不好，最好钉两个木块，把字画挂在上面。"

阿强听从了邻居的意见，让他帮着去找锯子。刚锯了两三下，邻居又说："不行，这锯子太钝了，得磨一磨。"

于是，邻居丢下锯子去找锉刀。锉刀拿来了，他又发现锉刀的柄坏了。为了给锉刀换一个柄，他拿起斧头去树林里去寻找小树。就在要砍树时，他发现那把生满铁锈的斧头实在是不能用，必须得磨一下。

磨刀石找来后邻居又发现，要磨快那把斧头，必须得用木条把磨刀石固定起来。为此，他又出去找木匠，说木匠家有现成的木条。

然而，这一走，阿强就再也没有见邻居回来。当然，那幅字画，阿强还是一边一个钉子把它钉在了墙上。第二天，阿强再见到邻居的时候是在街上，当时，他正在帮木匠从五金商店里往外搬一台笨重的电锯。

这个故事确实让人啼笑皆非，但其中蕴含的深意却不得不让我们深思：一个人做事如果不分清主次、轻重、缓急，那很有可能白忙活一场。

我们都知道，每个人的一天都有无数的事情需要去处理，在这种情况下，我们若想提高自己的做事效率，就必须学会管理时间，绝不能眉毛胡子一把抓，东一榔头，西一棒子，也不能光做不要紧的小事，最后却把重要的大事给耽误了。

一天，一位时间管理专家为一群商学院的学生讲课。他现场做了演示，给学生们留下了一生都难以磨灭的印象。

站在那些高智商高学历的学生前面，他说："我们来做个小测验。"说完，他拿出一个一加仑的广口瓶放在他面前的桌上。

随后，他取出一堆拳头大小的石块，仔细地一块块放进玻璃瓶。直到石块高出瓶口，再也放不下了，他问道："瓶子满了吗？"所有学生应道："满了！"

时间管理专家反问："真的？"他伸手从桌下拿出一桶砾石，倒了一些进去，并敲击玻璃瓶壁使砾石填满下面石块的间隙。

"现在瓶子满了吗？"他第二次问道。但这一次学生有些明白了。

"可能还没有。"一位学生应道。

"很好！"专家说。他伸手从桌下拿出一桶沙子，开始慢慢倒进玻璃瓶。沙子填满了石块和砾石的所有间隙。

他又一次问学生："瓶子满了吗？"

"没满！"学生们大声说。

他再一次说："很好！"然后，他拿过一壶水倒进玻璃瓶直到水面与瓶口齐平，抬头看着学生，问道："这个例子说明什么？"

一个心急的学生举手发言："无论你的时间表多么紧凑，如果你确实努力，你可以做更多的事情！"

"不！"时间管理专家说，"那不是它真正的意思，这个例子告诉我们：如果你不是先放大石块，那你就再也不能把它放进瓶子了。那么，什么是你生命中的大石头呢？与你爱的人共度时光，你的信仰、教育、梦想。记住，先去处理这些大石块，否则，一辈子你都做不了！"

在工作中，我们所要做的事情大致可以分为四类，第一类是既重要又紧急的事情，如马上要解决的紧急问题；第二类是重要但不紧急的事情，如一些计划与规划；第三类是紧急但不重要的事情，如某些一定要开但没有什么意义的会议；第四类是既不重要也不紧急的事情，如一些不必要的杂事。

很显然，第一类事情是我们要优先处理的，它就是我们生命中的大石块，我们必须带着专注心去完成它，如此才不会浪费宝贵的时间，才能将它做好。

美国作家史蒂芬·金在《写作这回事：创作生涯回忆录》一书中，曾这样形容自己的工作："我的日程安排得很清晰——上午用来处理新事务，比如撰写文章；下午用来打盹儿和写信；晚上用来读书、和家人在一起、玩游戏、做些工作上紧急的修改。基本上，上午是我最重要的写作时间。"

不难发现，对史蒂芬·金来说，写作是他生命中最重要的事情，因此，他把它排在第一位，正如美国学者亚历山大·格雷厄姆·贝尔所说："你应把注意力集中在手头的工作上。阳光只有汇聚到一点，才能燃起火焰。"为了完成自己的写作计划，史蒂芬·金确实付出了足够的精力和时间。

当然，史蒂芬·金对待写作这一事业的专心致志也给他带来了丰厚的回报，现在的他已经是全球知名的作家、电影导演和制片人，他的小说《肖申克的救赎》被改编成电影后，一直备受观众的欢迎和喜爱。

综上所述，身为员工，我们若想在职场上出人头地，实现自己的个人价值，就要带着专注心去工作，牢记要事优先的原则，将注意力集中在最重要的事情上，一直保持心无旁骛的工作状态，认真、用心地将工作做到完美。

做自己感兴趣的事你才会有专注力

相信很多人都有过这样的困扰，工作无法集中注意力，有的人是拖延症作祟，迟迟不能开始工作，而有的人则是在开始工作后，总想着这里看看，那里玩玩，到最后，时间过去了，什么事情都没有做成。

为什么会出现这种情况呢？其实，归根结底，还是因为我们无法在工作中感受到乐趣，所以丧失了工作的热情，只要一工作，就立马开小差、犯懒、拖拉。

举个简单的例子，一个人如果热爱玩游戏，那他就会想方设法创造机会打游戏，打多久都不会厌烦、腻味。这个例子就充分说明，如果我们喜欢做一件事，那就会对它特别专注，在做的过程中是完全体会不到时间的流逝的，有时甚至还会感觉时间不够用，恨不得一分钟掰作两分钟用；相反，如果我们对一件事充满了厌恶，那身处其中就会感觉度日如年，如坐针毡，恨不得立马腾云驾雾离去。

所以，我们每一位员工都要学会在工作中寻找乐趣，只有这样，我们才能更加专注地对待工作，最后高效、高质量地完成自己的任务。

有人曾问迈克尔·乔丹："你每次花那么多时间刻苦地训练，你不觉得辛苦吗？"乔丹回答："不，我觉得我很开心，因为我喜欢。"

乔丹所说的"喜欢"，当然不是一般的喜欢，是"深爱"的意思。想一想，你能在烈日下以苦为乐、坚持训练吗？——假设你并不深爱篮球这项运动。

一个成年人有三分之一的甚至更长时间用在工作上，如果对自己所做事业的没有什么兴趣，那人生就会感到很沉闷，也很难有什么成就。每一个事业成功的人士，必定对他们的事业感兴趣，如此他们才会投入，可以日日去做，甚至夜以继日地去做，毫无倦意。

你有没有留意到，很多人上班不久就打瞌睡，打呵欠，这不一定是因为疲劳。他们前一夜可能睡眠充足，但上班之后还是想睡，感到疲倦。那其实是心理因素所致，是由于他们对自己的工作不感兴趣。只因为要谋生计，才不得不朝九晚五忙碌奔波。即使他们努力去做，也不会把工作做得很出色，上班等下班，是不能激发出创造力和热忱的。

还有一个故事，说的是一个读者问一个有名的多产作家："您夜以继日地独自坐在书桌边写作，不觉得生活枯燥吗？"作家回答："你去问结满诱人果实的果树吧，问它从春到到秋天的日子是否枯燥？"

——这就是热爱与深爱的力量。

总之，在这个世界上，很少有人能将自己的兴趣变成工作，任何一份工作做久了，我们都会感觉有些琐碎乏味。认清了这一点，我们就不会轻易地对工作丧失信心，也不会得过且过，三心二意，随意敷衍工作，而是会想尽办法从工作中寻找乐趣，让自己对工作的热情之火继续燃烧下去。

有一个大学生，一直热爱画画，大学毕业后，他出国留学继续深造。可是，在国外的生活太拮据了，读书之余，他还要靠打工赚取生活费。后来有人介绍了一份工作给他，就是帮宾馆修剪草坪。这个工作和画画可是大相径庭，不仅需要一份好体力，而且剪草坪的剪子还会把手磨得粗糙不堪。

起初他很不情愿，因为他的梦想是当一名油画家而不是草坪工人，但现实不是由自己的意愿决定的，他只好一次次地去到宾馆外面，对着草坪和灌木，不断地重复单调的工作。

在国外的三年时间里，他就这样一直靠帮宾馆修剪草坪谋生。渐渐地，他发现，修剪草坪也并非总是那么枯燥。比如说，有一天，他不小心铲坏了一块草皮，想了想，他就把这块草坪修成了一幅画的样子，竟得到了人们的极力赞赏，他的薪酬也因此增加了一倍。

慢慢地，他喜欢起修剪草坪这个工作了，后来，因为请他修剪草坪的宾馆太多，他不得不雇了另外一些人，再后来，他成立了自己的公司，这是一家专门帮人设计修剪草坪画的公司。他的公司生意越来越红火，财源滚滚而来。

乐趣果然是一个人保持专注的最佳法宝，我们越是不把工作当作一件苦差事，越是能从工作中找到乐趣，那就会像故事中的大学生一样，越是能将注意力集中在所做的工作上，最后用心把工作做好，赢得一个前程似锦的未来。

其实，在工作中寻找乐趣并非难事，只要我们有心，不管是哪一种工作，我们都可以从中挖掘出它的兴趣点所在。比如，有的职业需要和许多人打交道，人际交往其实也是充满乐趣的，与人交谈的时候，我们可以细心聆听对方丰富的人生经历，一方面增长了自己的见识，另一方面又为自己拓展了人脉资源，可谓是一举两得。

所以，行走职场，面对日复一日、烦闷枯燥的工作，请不要害怕，也不要沮丧，多培养专注心，在工作中寻找乐趣，我们照样能出色地完成工作，进而加快职场晋升的步伐，迎来自己事业上的黄金期。

专注于工作，绝不忽悠自己

网上曾有人如此吐槽工作："每天上班的心情跟上坟一样，最喜欢的日子是星期五，因为快要放假了，最讨厌的日子是星期一，因为又要上班了。"众所周知，工作是我们每个成年人都不可避免的事情，我们不仅需要工作来维持生存，还需要通过工作来证明自己的价值。既然工作如此重要，为什么我们还会对其心生厌倦，唯恐避之不及呢？

对于这个问题，很多人都不约而同给出了这样的答案："那还不是因为我们是在给别人打工，每天累死累活，最后坐享其成的又不是自己。"事实真的是这样吗？我们工作难道真的只是为了老板？不，绝对不是这么一回事儿。美国商界名人约翰·洛克菲勒说过："工作是一个施展个人才能的舞台。我们寒窗苦读得来的知识、应变力、决断力、适应能力以及协调能力都将在这样一个舞台上得到展示……"由此可见，我们工作从来不是为了任何人，仅仅只是为了我们自己。

我们必须明白，企业是为了盈利而存在的，老板花钱请我们工作，我们不能只享受报酬而不付出劳动。既然工作是为了自己，我们就要对自己所在的岗位负责，唯有如此，我们才能让老板觉得他花的钱"物超所值"，我们才能成功保住自己的饭碗，我们才能取得事业上的成功。反之，如果我们对待工作不够认真、负责，总是"忽悠"工作，那工作就会反过来"忽悠"我们。

有这么一个有趣的故事。

有个老木匠准备退休，他告诉老板，说自己年纪大了，想要离开建筑行业，回家与妻子儿女享受天伦之乐。老板舍不得自己的好工人走，于是便问他能不能看在多年的交情上再帮忙盖"最后一栋房子"。

老木匠答应了，但随着时间的流逝，旁人很容易看出来，老木匠的心已经不在盖房子上面了：他用的是软料、次料，出的是粗活，所以手工非常粗糙，工艺做得更是马马虎虎。

最后，老木匠终于草草地完成了这"最后一栋房子"，很快，他就去请老板过来验收。没想到，老板直接把大门的钥匙递给他，拍着他的肩膀微笑着说："你自己进去验收吧！这是你的房子，我送给你的临别礼物。"

老木匠听了之后目瞪口呆，顿时羞愧得无地自容，可事到如今，房子已经建成了，返工重做已然不可能。如果他早知道这是在给自己建房子，他怎么会如此敷衍了事呢？他一定会选用最好的材料、最高明的技术。然而，现在说什么都晚了，这一切都是他自作自受，他只能接受工作的"忽悠"和"惩罚"，住进这么一栋自己亲手打造的粗制滥造的房子里了。

这个有趣的故事真是发人深省，所有的职场人士都能从中吸取到一个教训，那就是忽悠工作等于忽悠自己。其实，我们工作就是在给自己建房子，这栋房子的主人不是别人，正是我们自己，我们才是唯一会住在里面的人。如果我们在工作中总是持有懒散、消极、抱怨、怀疑的态度，不追求精益求精，只会敷衍了事，那我们最后也会落得个和老木匠一样的下场。

总之，个人的利益和公司的利益是一致的，长远来看，个人和公司之间是唇亡齿寒的关系。我们不是为了公司或是老板工作，我们是为了自己，当所有员工都在努力工作，奋发向上时，公司才会不断向前发展，我们的能力和薪水也能因此不断上一个新的台阶。

另外，值得一提的是，很多成功人士都有这样一种心态，那就是"工作是为了自己"，在这种心态的引导下，他们在工作中披荆斩棘，勇往直前，从不推卸属于自己的责任，长此以往，他们逐渐收获了丰富的工作经验、解决问题的能力以及不同于常人的眼光和视角。

一家大型文化传播公司要裁员了，解雇名单上有丁柔和蒋梦，她们俩被人事主管通知两个月之后离职。算起来，这两人算是公司的老员工了，丁柔在公司工作了 5 年，蒋梦则在公司工作了 4 年。得知这个消息后，她俩感到非常难过，可一时间又没有更好的解决办法。

丁柔回到家后，整晚都没有睡着，第二天一大早，怒气冲冲的她逢人就大吐苦水："我在公司工作那么多年，没有功劳也有苦劳呀，凭什么我就要摊上被裁员这件糟心事儿呢？真是太不公平了！"

听闻丁柔的遭遇，很多同事都非常同情她，出于好心，刚开始他们还会搜索枯肠说几句安慰她的话。可哪知丁柔是个没完没了的主儿，一开抱怨的闸门就不想停了，在公司这最后两个月，周围的同事都被她挤兑过，她似乎看谁都不顺眼。久而久之，同事们都很怕和她打交道，每次见到她都恨不得绕道而行。为此，丁柔更加气愤了，她心想，反正在这儿待不久了，工作做得再好也是无用功，还不如干脆破罐破摔。结果，她再也不认真工作，工作自然一塌糊涂。

而蒋梦呢，虽然她也为自己即将被解雇的事儿难过了整整一晚上，但她对待工作的态度却和丁柔有着天壤之别。在公司里，她从不向别人提及这件事儿，即便有同事问她，她都会笑着解释说只怪自己能力不足。离别在即，大伙儿见她心胸如此豁达，在工作上还是一如既往的认真负责，所以都特别愿意亲近她。

两个月后，丁柔收拾好自己的东西，头也不回地离开了公司，而蒋梦却被老板留了下来，面对她的疑惑和不解，老板笑着说道："我就是喜欢你这种从不忽悠工作的劲头，公司正需要像你这样的员工，你继续在这儿好好干吧！"

听了老板的话，蒋梦大喜过望，她愈加认定自己之前的想法是正确的、一分耕耘一分收获，不管遇到什么困难，都要沉下心来好好工作，只有不辜负工作，工作才会不辜负自己。

其实，在任何一家公司里，老板最不喜欢的通常都是那些不把工作放在心上的人，这种人你完全不能指望他会把工作做好，为公司创造出应有的效益，因为他对工作缺乏必要的责任感，对自己更是极端的不负责任。要知道，一个对自己负责的人，绝对不会想到在工作中浑水摸鱼，因为他们深知，唯有努力工作才能在职场平步青云，才能不断地打磨自己，提升自己的工作能力。

天上从不会白白地掉下馅饼，奢望不劳而获纯属白日做梦，忽悠工作的人到最后往往会被工作忽悠，所以，身为员工的我们，不妨在心中种下责任的种子，让责任感成为鞭策、激励、监督自己的力量，最终促使我们将工作做到位。

每一刻都要专注于工作

人们常说，一个人做一件好事并不难，难的是一辈子做好事。其实，工作也是这么一个理儿，我们都有对工作负责的时候，但是很少有人能做到每时每刻都对工作负责。相信很多人都有过这样的经历，领导在的时候，我们挺起腰杆，专心致志地工作，领导不在的时候，我们驼背弯腰，心神涣散地工作。归根结底，我们之所以会有这两种截然不同的工作状态，完全是因为我们对自己的岗位还不够负责，也就是说，我们根本无法做到在岗1分钟，尽责60秒。

很显然，一个人如果做不到随时对自己的岗位负责，那他肯定没有办法保证在工作中不出现一丝差错，最后自然也就无法向领导上交一份完美的答卷。从短期来看，他的失职会给公司带来或大或小的损失，而从长远来看，他的失职则很有可能让他丢掉自己赖以生存的饭碗，并最终与事业上的成功擦肩而过。

我们来看这样一个故事：

有3个人到一家建筑公司应聘，经过一轮又一轮的考试，最后他们从众多的求职者当中脱颖而出。公司的人力资源部经理对他们说了一句"恭喜你们"，然后就将他们带到了一处工地。

工地上有三堆散落的红砖，乱七八糟地摆放着。人力资源部经理告诉他们，每人负责一堆，将红砖整齐地码成一个方垛，说完他就在3个人疑惑的目光中离开了工地。这个时候，甲对乙说："我们不是已经被录用了吗？为什么将我们带到这里？"乙对丙说："我可不是应聘这样的职位，经理是不是搞错了？"丙说："不要问为什么了，既然让我们做，我们就做吧。"然后带头干起来。

甲和乙同时看了看丙，只好跟着干了起来。还没完成一半，甲和乙明显放慢了速度，甲说："经理已经离开了，我们歇会儿吧。"乙跟着停下来，丙却一直保持着跟之前一样的工作节奏。

人力资源部经理回来的时候，丙只剩十几块砖就全部码齐了，而甲和乙只完成了1/3的工作量。经理对他们说："下班时间到了，你们先歇会吧，下午接着干。"甲和乙如释重负地扔掉了手中的砖，而丙却坚持将最后的十几块砖码齐。

回到公司，人力资源部经理郑重地对他们说："这次公司只聘用一位设计师，获得这一职位的是丙。至于甲和乙，你们回去不妨想一下这次落聘的原因。"

不难发现，甲和乙之所以会落聘，是因为他们缺乏对工作的责任感，在接到上级交代给他们的任务后，一开始他们就心存抱怨和疑虑，不愿意立即投入到工作中去，紧接着等经理离开后，他们又开始藏奸耍滑，消极怠工。而丙却自始至终表现出了强烈的责任感，在整个过程中，他一直心无旁骛地工作，可以说是尽职尽责，没有丝毫的懈怠。毫无疑问，丙表现出来的正是一种"在岗1分钟，尽责60秒"地对工作高度负责的精神，这样的员工当然是每家公司都渴望得到的。

像丙这样对工作高度负责的员工，根本用不着领导时刻在场监督、叮嘱和安排，他们自会在每一个工作环节中力求完美，按质按量地完成计划或任务。微软董事长比尔·盖茨曾对他的员工说："人可以不伟大，但不可以没有责任心。"所以，微软一直都非常重视对员工责任感的培养，责任感也因此成为微软招聘员工的最重要的标准之一。而正是基于这种做法，比尔·盖茨才一手打造出了现如今声名显赫、富可敌国的微软商业帝国。

总之，一个人若想将自己的本职工作做到位，首先就必须学会任何时候都要对自己的岗位负责。不管做什么事情，只要我们还在这个岗位上，哪怕是最后一秒钟，我们都要竭尽全力，对工作负责到底。

有一天，一群男孩在公园里做游戏。在这个游戏中，有人扮演将军，有人扮演上校，也有人扮演普通的士兵。有个"倒霉"的小男孩抽到了士兵的角色，他要接受所有长官的命令，而且要按照命令丝毫不差地完成任务。

"现在，我命令你去那个堡垒旁边站岗，没有我的命令不准离开。"扮演上校的亚历山大指着公园里的垃圾房神气地对小男孩说道。"是的，长官。"小男孩快速、清脆地答道。接着，"长官"们离开现场，小男孩来到了垃圾房旁边，开始立正、站岗。时间一分一秒地过去了，小男孩的双腿开始发酸，双手开始无力，天色也渐渐暗下来，却还不见"长官"们来解除任务。

此时，一个路人经过，说公园里已经没有人了，劝小男孩回家。可是倔强的小男孩不肯答应。"不行，这是我的任务，我不能离开。"小男孩坚定地回答道。"那好吧。"路人拿这位倔强的小家伙没有办法，"希望明天早上到公园散步的时候，还能见到你，到时我一定跟你说声'早上好'。"他开玩笑地说道。

听完这句话，小男孩开始觉得事情有些不对劲，他心想，也许小伙伴们真的回家了。于是，他向路人求助道："其实，我很想知道我的长官现在在哪里？你能不能帮我找到他们，让他们来给我解除任务。"路人答应了。过了一会儿，他带来了一个不太好的消息：公园里没有一个小孩子。更糟糕的是，再过10分钟这里就要关门了。小男孩开始着急了，他很想离开，但是没有得到离开的准许。难道他要在公园里一直待到天亮吗？

正在这时，一位军官走了过来，他了解完情况后，立马脱去身上的大衣，亮出自己的军装和军衔。接着，他以上校的身份郑重地向小男孩下命令，让其结束任务，离开岗位。回到家后，他告诉自己的夫人："这个孩子长大以后一定是名出色的军人。他对工作岗位的责任意识让我震惊。"

军官的话一点儿也没错。多年以后，小男孩果然成了一位赫赫有名的军队领袖，他就是美国著名军事家、陆军五星上将——奥马尔·纳尔逊·布莱德雷。

坚守岗位，完成任务，这就是我们所说的岗位责任。这种每时每刻都对岗位负责的精神，可以决定我们日后事业上的成功与失败。只有拿出像故事中布莱德雷将军那样对所在岗位尽职尽责的态度，我们才能激发自己全部的潜能，向工作发起强有力的进攻，直至顺利圆满地完成手头上的任务。

"在岗 1 分钟，尽责 60 秒"，这话说起来简单，做起来却无比艰难，但越是艰难，我们也越是能洞见责任之于工作的重要性。要知道，没有责任感的军官不是合格的军官，没有责任感的员工不是优秀的员工，责任意识会让我们在岗位上表现得更加卓越。所以，面对工作，我们务必要时刻保持着高度的责任感，最后带着火焰般的热情将自己的工作做到位。

不要因为完美主义而放弃去做

Facebook 首席运营官谢丽尔·桑德伯格曾在她所著的《向前一步》一书中写道："现实是有局限性的，你不可能做到一切。完成，胜过完美。"日本企业家稻盛和夫也告诫每一位职场人士："莫让完美主义成为影响效率的敌人。"

很多人也许会有些疑惑，在工作中追求"完美"难道还有错吗？追求完美当然不是错，但如果完美主义阻碍我们去做事，那就大大有问题了。

在职场上，有些人自视甚高，觉得自己能力非凡，总给自己制定一个很大的目标，然而，这个目标是不切实际的，也是他们潜意识中无法接受的，所以他们会迟迟不肯投入到工作中去，根本做不到专心致志地去做事；还有的人则是对自己要求太苛刻，太过注重细枝末节，总想着把一件事完成得多漂亮，筹谋太多，行动太晚，经常到了最后时刻才匆匆忙忙去做事，结果可想而知。

小晨是一个专栏作者，每次她在写文章的时候，都会在心里告诉自己，今天要完成至少两篇高质量的专栏。可当她真的坐到电脑面前，打开 word 文档时却发现，自己很难专注在写稿上，写了不到两行字，她就开始走神了，要么浏览网页新闻，逛逛淘宝店，要么抱着手机躺在床上看电视剧。

可她真的能尽兴地去做这些看似很休闲的事情吗？不能，她的眼睛虽然盯着新闻、淘宝店以及电视剧，她的心却始终胶着在未完成的工作上。

然而，尽管玩也玩得不开心，根本起不到放松的作用，她还是不愿意专注地去写文章，她总是安慰自己，先玩会儿吧，等状态好了再去写，可无论她给自己找多少借口，在完成任务之前，她还是感到非常焦虑。

等到一天快要过去，她实在拖延不下去了，只能强迫自己坐在电脑面前，就这样，为了完成这两篇稿子，她每天都要熬夜到凌晨，稿子的质量也并不如自己想象中的那般完美。这种事情发生的次数多了，她对写稿很快就产生了强烈的畏难情绪，越是畏难，就越是拖延，而越是拖延，就越是焦虑、痛苦。

后来，在一位朋友的提醒下，小晨才知道，自己之所以无法专注地去工作，无法把工作做好，是因为她的性格太苛求完美了。

明白了这点后，小晨就再也不给自己设定太过严苛的目标了，没有了这种压力后，她写稿变得越来越专注，以前达不成的目标，现在反而能达成了。

我们之前提到过"要么不做，要做就要做得最好"的工作理念，旨在让所有员工用心对待工作，不要敷衍了事，它跟"防止完美主义成为效率的大敌"并不矛盾。要知道，在职场上，很多人的完美主义都是一种妄想中的完美，完全不切实际，如果长期坚持这种错误的完美主义，只会让他们像故事中的小晨一样，无法集中注意力去工作，到最后，时间浪费了，工作还是做不好。

心理学家戴维·伯恩斯说："那些获得较高成就的人往往不是倔强的完美主义者。那些冠军运动员、获得非凡成功的生意人以及获得诺贝尔奖的科学家，他们都知道自己有的时候会犯错误，有的时候会度过难挨的一天，还有的时候会由于表现不佳而遭受短暂的挫折。虽然他们在为一些远大的目标而奋斗，但是他们也能够容忍有时不能达成这些目标时的挫折和失望。他们知道自己能够继续努力、改善工作。"

是的，一个人只有知道自己的局限，才会原谅自己的局限，包容自己的局限，才会根据自己的局限设定合理的目标，最后向着自己的目标不断奋斗，前进。

举个简单的例子，我们若想减肥，就不要奢望自己能在短短的一周内改善自己的体型，而是要根据自己的实际情况设定计划，多给自己一点儿时间，然后带着放松的心情去执行计划，最后达到自己的目标。

工作也是如此。身为员工，我们要想高效、高质量地完成工作，就要摒弃错误的完美主义心态，只有这样我们才能专注于工作，取得优异的成绩，收获成功。

不分心就很难有拖延

伤心就流泪，生气就发火，这都是人最正常的情绪波动，可正常归正常，在实际的工作中，如果我们缺乏必要的情绪自控能力，那就会很容易让自己分心，到头来，既浪费了宝贵的时间和精力，又做不好任何事情。

足球名将齐达内把足球运动演绎的可谓是异常的完美，2006年，原本已经要退役的齐达内在世界杯赛场的出现，让无数球迷为之振奋，这次也是他最后一次向世人的展示他的天赋。

一切都进行得那么顺利：漂亮的"勺子"点球，精彩地过人，以及在加时赛上还有那令人惊叹的爆发力，这无不让人对这位老将又增添了几分敬佩。足球在他脚下似乎和他是融为一体的，在他的带领下，法国人挺进了世界杯的决赛。

然而，在世界杯的决赛上，却发生了让全世界为之震惊的一幕：面对对手马特拉奇的挑衅，齐达内用头猛烈的撞击在马特拉奇的胸膛上！

这个举动招致了一张鲜红的红牌，不仅让齐达内含着泪水从大力神杯旁走过，更让整个世界的球迷为之震动。随后的比赛，法国人以点球输给了阿根廷人。

事后，有人为齐达内本来可以以完美的谢幕毁于失控的瞬间而惋惜，也有人对齐达内用头撞击在马特拉奇的胸膛的暴力行为而谴责……

不难发现，如果齐达内懂得掌控自己的情绪，放下因马特拉奇的挑衅而引起的不快，一如既往地去专心踢足球，那最后就能如观众所预期的那样，带领自己的球队夺得冠军，赢得所有人的欢呼和掌声。

但遗憾的是，齐达内中了对手马特拉奇的计，他的情绪失控了，他分心了，他的注意力从踢球这项工作上转移了，他被怒火蒙蔽了双眼，所以他失败了。

我们都知道，工作中的负面情绪多是由不如意的事情造成的，而不如意的事情是很难避免的，它时时刻刻都可能出现在我们的周围，如果我们总让它搅乱心湖的平静，那坏情绪就会逐渐吞噬我们，因此，唯有积极调整情绪，让情绪稳定、健康、积极、乐观，我们才能做好手头上的工作，最后干出一番不错的事业。

在英国的一个小农场里，生活着来恩一家。虽然来恩凭借健康的身体每天起早贪黑地工作，但仍然不能使农场生产出比他的家庭所需要的更多的产品。

这样的生活年复一年地过着，直到来恩患了全身麻痹症，卧床不起，几乎失去了生活能力。凡是认识他的人都确信，他将永远成为一个失去自由和希望的病人，他不可能再为这个家做些什么了。

可来恩却不这么想，他的身体是不能动弹了，但是他的心态并没有受到影响。他在思考、在计划。他要用另一种方式供养他的家庭，他不想成为家庭的负担。

他把他的计划讲给大家听，他说："我很遗憾，再也不能用我的身体劳动了，所以我决定用我的头脑从事劳动。如果你们愿意的话，你们每个人都可以代替我的手、脚和身体。我的计划是把我们农场的每一亩地都种上玉米；再用所收的玉米喂猪；当我们的猪还幼小时，就把它们宰掉，做成香肠，然后把香肠包装起来，取一个我们自己的名字，送到零售店出售。"他低声轻笑，接着说道，"也许这种香肠会在全国像热糕点一样出售。"

来恩说出了一句最成功的预言。这种香肠确实出售了！几年后，"来恩乳猪香肠"竟成了家庭生活的日常食物，成了最能引起人们胃口的一种食品。他躺在床上看到自己成了百万富翁很高兴，因为他是一个有用的人。

来恩以自己的经历撰文，给那些因为生理残障而绝望的病人，其中有这样一段话："如果人生交给我们一个问题，它也会同时交给我们处理这个问题的能力，而绝不会使我们陷入窘境。每当我们受到阻碍不能正常地发挥我们的能力时，我们的能力就会随之变化。即使你的身体处于一种极不好的状态中，只要你的情绪是好的，你仍然可以过着对社会有用的幸福生活。"

来恩的经历充分说明了一个道理：一个懂得掌控自身情绪的人，往往能消除情绪的负效能，最大限度地开发情绪的正效能，让自己的理智一直在线，始终将注意力集中在工作上，从而帮助自己取得事业上的成功。

俗话说："身体是革命的本钱。"在职场上，情绪才是"革命"的本钱，一个人若想将工作做好，就要让自己的情绪保持平衡，否则，失衡的情绪迟早会将他拖入无底的深渊，让他分心，从此再也无法心无旁骛地去做事。

由此可见，在职场上，我们每一个人都要学会掌控情绪，努力做到不分心，而当我们真的不被坏情绪所裹挟时，那我们就能更专注于自己的工作，集中所有的精力和时间，在最短的时间内用心将工作做到最好，以此换取一个美好的未来。

休息好，你才能更专注

一位女士因为特别喜欢一双鞋，便天天穿，于是不到半年，鞋子就磨坏了。她拿去修补时，鞋匠看了看皮鞋说："这鞋子确实不错！但由于你天天穿，它的皮革和材质没有得到适当的休息，就会使鞋子折寿。以后你要买鞋子，最好同时买两双，然后两双鞋子交替着穿，若每双鞋子隔一天才穿，那么每双鞋子至少可穿上两年。"

修鞋匠一边修，一边与女士聊天，他说："我过去在农村种田，当过农民种过田的人都知道，不能在同一块土地上，年复一年种植同样的农作物。如果今年种玉米，明年就改种豆类，因为玉米会从土壤里吸收某种养分，必须靠种豆类把养分带回来或者让它们吸取另外的养分，若是养分完全恢复过来，下次再种植的时候，必然会有很好的收成。"

鞋子需要休息才能延长寿命，土地需要休养才能变得肥沃，而人需要休息才能更专注于工作。相信很多人都听过一句话——体力是努力的上限，这句话很清楚地道出了体力跟事业的关系。在职场上，人们的每一种能力、每一种精神的充分发挥以及整个工作效率的增加，都要赖于机能的健全和体力的强壮。

美国陆军曾经做过好几次实验证明，即使是年轻人，经过多种军事训练强壮的年轻人，他如果不带背包，每小时休息十分钟，那他们的行军速度就会增加一倍。

约翰·洛克菲勒保持着两项惊人的纪录，他赚了世界上数量最多的钱财，而且还活到了98岁，原因在于他的两点秘诀。

他这两点秘诀是什么呢？

很简单，一个是遗传，他们家中世代长寿；另一个原因就是他每天中午都要在办公室里睡上半小时的午觉，他就躺在办公室的大沙发上，这时不论是什么重要人物打来的电话，他都不接。

二战期间，丘吉尔执政英国的时候已经六七十岁了，但却能每天工作16小时，坚持数年指挥英国作战。他的秘密又在哪里呢？

他每天早晨在床上工作到11点，看报告、发布命令、打电话，甚至在床上举行重要会议，吃过午饭后，再上床午睡1小时。而在8点钟的晚饭前，还要上床去睡上两小时，他根本就不需要去消除疲劳，因为毫无疲劳可言。正是由于这种间断性的经常休息，他才有足够的精神一直工作到深夜。

可以看到，在繁忙的工作之余，一个人如果能劳逸结合，适当地休息，那事后将精神抖擞，提高注意力，心无旁骛地继续将事情做好。

没错，休息就是为了更好地工作，在我们身边，很多人之所以工作效率低下，一事无成，就是因为他们不懂得休息，总是透支自己的精力，导致自己疲劳萎靡、活力低微、神经衰弱、注意力涣散，无法在工作中发挥自己全部的力量。

有这样一个故事。

有三条毛毛虫经过长途跋涉，最后来到目的地的对岸。

当它们爬上河堤，准备过河到开满鲜花的对面去的时候，一条毛毛虫说，我们必须先找桥，然后从桥上爬过去。另一条说，我们还是造一条船，从水上漂过去。最后那条说，我们走了那么远的路，已经疲惫不堪了，应该停下来先休息两天。

听了这话，另外两条毛毛虫感到很诧异：休息，简直是天大的笑话！没看到对岸花丛中的蜜快被喝光了吗？我们一路风风火火，马不停蹄，难道是来这儿睡觉的？

话未说完，一条毛毛虫已开始爬树，准备摘一片树叶做船。另一条则爬上河堤的一条小路去寻找一座过河的桥，而剩下的一条则爬上最高的一棵树，找了片叶子躺下来美美地睡着了。

一觉醒来，睡觉的毛毛虫发现自己变成了一只美丽的蝴蝶，翅膀扇动了几下就轻松过河。此时，一起来的两个伙伴，一条累死在路上，另一条则被河水冲进了大海。

随着疲劳的增加，人的注意力就会越来越不集中，工作效率也会相应地降低，这个时候，如果我们勉强自己继续前行，就只会落得个跟故事中的那两条马不停蹄执意过河的毛毛虫一样的悲惨结局。

众所周知，聪明的将军，绝不会在军士疲乏、士气不振时，率领他们去攻打敌人，他一定会秣马厉兵，充足给养，然后才肯率军前去应战。所以，行走职场，我们一定要学会休息，休息好才能专心工作，才能高效完成任务。

第三届电信行业高峰会议正在加州的一处度假村举行。每到会议休息时间，一些公司的老总便回到自己的房间，不是和助手商议方案，就是研究其他公司的资料，忙得团团转。

然而，令所有人惊奇的是，一到会议休息时间，环球电信公司的老总亨得利则总是独自一个人迈出会议室，沿着度假村的忘忧湖散步，或是到花园中欣赏奇花异草。

刚开始，有的老总还以为亨得利不重视这次峰会，或是贪恋山水美景，而忘了自己公司发展的大事。可出人意料的是，每次会议上发言时，亨得利却当仁不让，他思路敏捷，精力旺盛，侃侃而谈，一直是整个峰会的焦点人物。

会议结束时，有位老总好奇地问他说："平时总见你漫不经心、游手好闲似的，可一到会议时，你就精神百倍，咄咄逼人，你是不是吃了什么灵丹妙药？"

"是的，我的确是吃了灵丹妙药，但我吃的灵丹妙药就是忙中偷闲，去散步，去赏花，在这段时间里我的大脑得到了很好的休息，因此，这会议我是越开越精神呀！"

亨得利说得很对，忙中偷闲确实能让人更有精神，所以，会休息是一种能力，它是一个人自身实力的一部分，同时也是慰藉心灵、排遣压力，让人迅速回血的最佳法宝。不知道大家有没有发现，将"忙"字拆开了，就是"心亡"，由此可见，忙碌而不休息，除了伤害身体外，没有任何益处。

常言道，磨刀不误砍柴工，对于我们每一位员工来说，防止疲劳、减轻压力的办法就是高质量的休息。只有休息好，我们工作起来才会更加专注，做事的效率才会逐步提高，做事的成果才会更加优质，职场前途才会更加光明。

管理时间，让自己更高效

众所周知，每个人的一天都有无数的事情需要去处理，面对这种情况，有的人总能很好地管理自己的时间，提高工作的效率，而有的人则有些不知所措，往往眉毛胡子一把抓，这里做一点点，那里又做一点点，结果手忙脚乱，啥事儿也没干成，又或是光干不要紧的小事，最后把重要的大事给耽搁了。

古人有云："事有先后，用有缓急。"在实际的工作中，我们判断一个人有没有头脑，是不是一名优秀的员工，关键就看他做事能否分清轻重缓急。

人生是经不起拖延，每天都必须做一些有意义的事情。

早晨时间是必须抓紧的，毕竟一日之计在于晨。人在每天早上的时候都应把自己今天要做的事情列出来，甚至在前一天晚上就应该有一个详尽的规划。这样在新的一天里就能够有条不紊地按照规划来做事情，相信如果这样坚持下去，在晚上的时候一定会觉得这一天过得很充实，而且很有规律。

一旦这个习惯养成，将受益终生，以后在做任何事情的时候都不会分心，会一心一意地将一件事情做好，然后再去做别的事情。有些人做事很慢，这主要是因为他根本就不清楚自己要做什么，或者他觉得时间有的是，到最后要交代的时候再来赶也可以完成。这个习惯非常不好，虽然最后往往也能完成任务，但是在事情的整个阶段，人都得不到轻松，因为他心中有事，有压力。最好的办法是将事情抓紧做完，然后再轻轻松松地一旁开心去。

爱迪生虽然一生只上过三个月的学，甚至被认为是低能儿，但是最后成长为举世闻名的发明家。其中原因很多，珍惜时间是一个重要原因。

爱迪生经常对助手说："世界上最大的浪费莫过于浪费时间了，人生太短暂了，要想办法，在极少的时间内做更多的事情。"

有一天，爱迪生递给助手一个没上灯口的空玻璃灯泡，让助手去算算灯泡的容量。然后他又低头工作了。过了好半天，他问助手容量是多少，但是助手没有回答。他转头一看，发现助手正在小心翼翼地测量灯泡的周长、斜度，然后通过测得的数字来计算。爱迪生有些生气，说道："时间，时间，怎么要费那么多时间。"说完，他拿起空灯泡，往里面倒满了水，然后交给助手："把里面的水倒到量杯里，然后马上告诉我容量。"助手很快就把容量告诉了爱迪生。

正是这种对珍惜时间的态度和行动，爱迪生一生才有那么多伟大的发明。对于爱迪生来说，时间就是最为宝贵的财富。

其实，时间对于每个人都是公平的，但由于不同的人对时间的使用和管理不同，最终产生的效果也就有所不同。

为此，畅销书作家理查德·科克曾提出了一个著名的"80/20定律"，即20%的事情决定80%的成就。由此可见，对于我们每一位职场人士来说，学会管理时间，分清事情的轻重缓急就显得尤为重要了。

也就是说，我们唯有用80%的时间去做好那20%最重要、最紧急的事情，然后再用剩下的20%的时间去做那80%不太重要、不太紧急的事情，我们的执行效率才能得到飞速的提升，我们才能做出一番骄人的成就。

美国史卡鲁大钢铁公司的总裁查鲁斯，原来也是一个不会舍弃、只知道追求面面俱到的人，许多事情常常半途而废。他感到非常烦恼，便向效率研究专家艾伊贝·李请教解决此问题的办法。

艾伊贝·李给他的建议是这样的：

1. 不要想把所有事情都做完。

2. 手边的事情并不一定是最重要的事情；。

3. 每天晚上写出你明天必须做的事情，按照事情的重要性排列。

4. 第二天先做最重要的事情，不必去顾及其他事情。第一件事做完后，再做第二件，依此类推。

5. 到了晚上，如果你列出的事情没有做完也没关系，因为你已经把最重要的事情都做完了，剩下的事情明天再做。

最后，艾伊贝·李说："每天重复这么做，如果感觉效果超出你的想象，就可以指导手下照着做。在做到你认为满意时，只要付给我一张你认为相等价值的支票即可。"

查鲁斯试了一段时间后，感觉效果非常惊人。于是，他要求下属也跟着做。结果，艾伊贝·李得到了一张价值 2.5 万美元的支票。

通过这个故事，我们不难得出一个结论：一个人如果懂得管理时间，总是优先处理最重要、最紧急的事情，那他做起事来不但有条不紊、不慌不乱，而且还能够节约时间，提高自己的执行效率，当然最后完成的效果也是不同凡响。

歌德曾经说过："善于掌握时间的人，才是真正伟大的人。"此话不假。放眼周围，做事分清轻重缓急不仅是聪明人的做法，也是成功人士的必然选择。

只有凡事分清主次，我们才能把有限的时间用在最重要、最紧急的事情上，才能用最少的时间和精力求得更大的回报；反之，如果我们做事总是轻重不分，轻重颠倒，把暂时不重要、不紧急的事情放到了最重要的位置，而把最重要、最紧急的事情放到了最次要的位置，那只会让自己沦为时间的奴隶，大大地降低自己的执行效率，久而久之，必然会导致我们在工作上的失败。

一个工人一走进丛林，就开始清除矮灌木，当他费尽千辛万苦，好不容易清除完这一片灌木林，直起腰来，准备享受一下完成了一项艰苦工作后的乐趣时，却猛然发现，不是这块丛林，旁边还有一片丛林，那才是需要他去清除的丛林！

有多少人在工作中，就如同故事中这个砍伐矮灌木的工人，常常只是埋头砍伐矮灌木，甚至都没有意识到自己要砍的并非是那片丛林。

毫无疑问，这就是不会管理时间所带来的糟糕后果！

法国作家拉布吕耶尔说过："最不好好利用时间的人，最会抱怨它的短暂。"可见，身为员工，如果我们总抱怨时间太少，没办法处理完手头上的事情，那说明我们缺乏管理时间的能力，所以才导致自身执行效率的低下。

要知道，真正的高效率员工从来不会感觉到时间的紧迫，因为他可以很好地计划、管理、分配自己的时间，把时间牢牢地掌握在自己的手掌之中。所以，我们要想提高自己的执行力，收获成功，就要学会管理自己的时间，分清事情的轻重缓急，永远优先处理最重要、最紧急的事情。

第三章
不再空想，行动可以治疗一切拖延

本杰明·富兰克林曾说过："今天可以执行的事不要拖到明天。"这与我们常说的"今日事今日毕"是一个道理。很多拖延症患者就是缺乏行动力，他们没有动力去行动，所以才会一直拖延，最终耽误自己。其实，当你不再空想，开始行动的时候，你的拖延症就已经消失了。

不再拖延，做了再说

如果你有个电话应该打，可是你总是拖拖拉拉，而事实上你已经一拖再拖。如果这时那句"现在就去做"从你的潜意识里闪到意识里："快打呀！"请你立刻就去打电话。

或者，你把闹钟定在早上六点，可是当闹钟响起时，你却觉得睡意正浓，于是干脆把闹铃关掉、倒头再睡。如果这种情况继续下去，你将来就会养成习惯。假使你的潜意识把"现在就去做"闪到意识里，你就不得不立刻爬起来不睡了。为什么？因为你要养成"现在就去做"的习惯。

行动可以改变一个人的态度，使他由消极转为积极，使原先可能糟糕透顶的一天变成愉快的一天。

卓根是哥本哈根大学的学生，有一年暑假他去当导游。因为他总是高高兴兴地做了许多额外的服务，因此几个芝加哥来的游客就邀请他去美国观光。旅行路线包括在前往芝加哥的途中，到华盛顿特区做一天的游览。

卓根抵达华盛顿以后就住进"威乐饭店"，他在那里的账单已经预付过了。他这时真是乐不可支，外套口袋里放着飞往芝加哥的机票，裤袋里则装着护照和钱，后来这个青年突然遇到晴天霹雳。当他准备就寝时，才发现皮夹不翼而飞。他立刻跑到柜台那里。"我们会尽量想办法。"经理说。第二天早上仍然找不到，卓根的零用钱连两块钱都不到。自己孤零零一个人在异国，应该怎么办呢？打电报给芝加哥的朋友向他们求援？还是到丹麦大使馆去报告遗失护照？还是坐在警察局里干等？

　　他突然对自己说："不行，这些事我一件也不能做。我要好好看看华盛顿。说不定我以后没有机会再来，但是现在仍有宝贵的一天待在这个国都里。好在今天晚上还有机票到芝加哥去，一定有时间解决护照和钱的问题。

　　"我跟丢掉皮夹子以前的我还是同一个人。那时我很快乐，现在也应该快乐呀。我不能白白浪费时间，现在正是享受的好时候。"

　　于是他立刻动身，徒步参观了白宫和国会山庄，并且参观了几座大博物馆，还爬到华盛顿纪念馆的顶端。他去不成原先想去的阿灵顿和许多别的地方，但他看过的，他都看得更仔细。他买了花生和糖果，一点一点地吃以免挨饿。

　　等他回到丹麦以后，这趟美国之旅最使他怀念的却是在华盛顿漫步的那一天。如果他没有运用做事的秘诀就会白白溜走那一天。"现在"就是最好的时候，他知道在"现在"还没有变成"昨天我本来可以……"之前就把它抓住。

　　这里顺便把他的故事说完吧，就在出事的那一天过了五天之后，华盛顿警方找到他的皮夹和护照，并且送还给他。

　　如果下定决心立刻去做，往往会使你最热望的梦想也实现。孟列·史威济正是如此。

　　孟列非常喜欢打猎和钓鱼，他最喜欢的生活是带着钓鱼竿和猎枪步行五十里到森林里，过几天以后再回来，筋疲力尽，满身污泥而快乐无比。

　　这类嗜好唯一不便的是，他是个保险推销员，打猎钓鱼太花时间。有一天，当他依依不舍地离开心爱的鲈鱼湖，准备打道回府时突发异想。在这荒山野地里会不会也有居民需要保险？那他不就可以同时工作又在户外逍遥了吗？结果他发现果真有这种人：他们是阿拉斯加铁路公司的员工，就散居在沿线五十里各段路轨的附近。

他可不可以沿铁路向这些铁路工作人员、猎人和淘金者拉保呢？

孟列就在想到这个主意的当天开始积极计划。他向一个旅行社打听清楚以后，就开始整理行装。他不肯停下来让恐惧乘虚而入，自己吓自己会使以后自己的主意变得荒唐，以为它可能失败。他也不左思右想找借口，他只是搭上船直接前往阿拉斯加的"西湖"。

史威济沿着铁路走了好几趟，那里的人都叫他"走路的史威济"，他成为那些与世隔绝的家庭最欢迎的人，不只因为没有人愿意跟他们打交道，他却前来拉保；同时，他也代表了外面的世界。不但如此，他还学会理发，替当地人免费服务。他还无师自通地学会了烹饪。由于那些单身汉吃厌了罐头食品和腌肉之类，他的手艺当然使他变成最受欢迎的贵客啦。而在这同时，他也正在做一件自然而然的事，正在做自己想做的事：徜徉于山野之间、打猎、钓鱼，并且像他所说的"过史威济的生活"。

在人寿保险事业里，对于一年卖出一百万元以上的人设有光荣的特别头衔，叫作"百万圆桌"。在孟列·史威济的故事中，最不平常而使人惊讶的是：在他把突发的一念付诸实行以后，在动身前往阿拉斯加的荒原以后，在沿线走过没人愿意前来的铁路以后，他一年之内就做成了百万元的生意，因而赢得"圆桌"上的一席地位。假使他在突发奇想时，对于做事的秘诀有半点迟疑，这一切都不可能发生。

"现在就去做"可以影响你生活中的每一部分，它可以帮助你去做该做而不喜欢做的事；在遭遇令人厌烦的职责时，它可以教你不推脱延迟。但是它也能像帮助孟列·史威济那样，帮你去做你"想"做的事。它会帮你抓住宝贵的刹那，这个刹那一旦错过，很可能永远不会再碰到。

　　许多人都有拖延的习惯。因为拖拖拉拉耽误了火车，上班迟到，甚至更严重。错过可以改变自己一生、使自己变得更好的良机。所以，要记住："现在"就是行动的时候。

成功者都是敢想敢做

在我们身边，许多成功人士，并不一定是比你"会"做，更重要的是他比你"敢"做。

哈默就是这样一个人。1956 年，58 岁的哈默购买了西方石油公司，开始大做石油生意。石油是最能赚大钱的行业，也正因为最能赚钱，所以竞争尤为激烈。初涉石油领域的哈默要建立起自己的石油王国，无疑面临着极大的竞争风险。首先碰到的是油源问题。1960 年石油产量占美国总产量 38% 的得克萨斯州，已被几家大石油公司垄断，哈默无法插手；沙特阿拉伯是美国埃克森石油公司的天下，哈默难以染指……

如何解决油源问题呢？

1960 年，当花费了 1000 万美元勘探基金而毫无结果时，哈默再一次冒险地接受一位青年地质学家的建议：旧金山以东一片被的士古石油公司放弃的地区，可能蕴藏着丰富的天然气，并建议哈默的西方石油公司把它租下来。哈默又千方百计从各方面筹集了一大笔钱，投入了这一冒险的投资。当钻到 860 英尺（约 262 米）深时，终于钻出了加利福尼亚州的第二大天然气田，估计价值在 2 亿美元以上。

哈默成为成功人士的事实告诉我们：

"风险和利润的大小是成正比的，巨大的风险能带来巨大的效益。"

"幸运喜欢光临勇敢的人，冒险是表现在人身上的一种勇气和魄力。"

冒险与收获常常是结伴而行的。险中有夷，危中有利。要想有卓越的结果，就要敢冒风险。

1752年7月的一天，富兰克林在野外放风筝进行捕获雷电的试验。他的风筝很特别，用杉树做骨架，用丝手帕当纸，扎成菱形的样子。风筝的顶端装了一根尖尖的铁针，放风筝的麻绳的末端拴着一把铁钥匙。当风筝飞上高空不久，突然大自然发怒了，大雨降临，闪电雷鸣。富兰克林对全身被淋湿毫不在意，对可能被雷击中也不畏惧，他全神贯注于他的手。当头顶上闪电的瞬间，他感到自己的手麻酥酥的，他意识到这是天空的电流通过湿麻绳和铁钥匙导来的。

他高兴地大叫：

"电，捕捉到了，天电捕捉到了！"

瑞典化学家诺贝尔为了完成科学发明，一生都在死神的威胁下，冒着生命危险研究烈性炸药。1867年秋，在一次试验中，贡献了一位亲兄弟的生命，父亲负伤变成了残废，他的哥哥也身受重伤。在这些代价面前，一旦机会光临，他自然会死死抓住不放的。事情就是这么巧，有一天，诺贝尔意外地发现搬运工人从货车上卸下甘油罐，从有裂缝的甘油罐中流出来的液体，居然和罐子与罐子之间塞进的硅藻土混合而成固体，没有发生爆炸。

一个固体物当然在搬运、贮存上都很安全，这个线索给诺贝尔一个有益的启示。

他抓住它进行实验，证明硅藻土是一种很好的吸附剂，它能吸附三倍于自身重量的硝化甘油仍保持干燥，并可以把硝化甘油的硅藻土模压成型，即使被引爆，而且它的爆炸力与纯净的硝化甘油相等。这样，就发现了一种既有强大威力又安全可靠的烈性炸药，从而使烈性炸药得到了广泛的应用。

在成功人士的眼中，生产本身对于经商者就是一种挑战，一种想战胜别人赢得胜利的挑战。所以，在生意场里的人，人人都应具有强烈的竞争意识。"一旦看准，就大胆行动"已成为许多商界成功人士的经验之谈。

敢于行动，便没有困难

一个成功的人，不能没有接受挑战困难与未来的勇气。完全可以说，勇于接受挑战的精神是成功者的灵魂，人生的每一步发展，就是在接受一个又一个的挑战中寻找机遇，进而实现成功的。可以说，成功总属于那些敢为人先、勇于担当的先锋和行动者，他们是以积极的心态、勇于接受挑战的斗士，是面对困难挺身而出、从不退缩的勇士。

意大利首屈一指的菲亚特汽车公司是菲亚特集团的一个重要组成部分，它的年利润占据了菲亚特公司的三分之二。也是世界 10 大汽车公司之一。谁也不会料到这家赫赫有名的公司，在 1979 年以前的十年里，竟是个濒临倒闭的公司。由于它连年亏损，无法进行再投资，被迫将 13% 的股票卖给了对外银行。

面对这种困境，菲亚特集团老板艾格龙尼是卖掉剩余股票，彻底将这个目前亏损的公司转手出让，还是接受挑战，对菲亚特汽车公司进行大幅度的调整、改革？而面对目前的情况，想让企业起死回生，这在别人的眼里简直是天方夜谭，即使再有回天之力，未来也不过是一个未知数。

但是，艾格龙尼没有就此罢休，具有闯将的魄力与胆识使他义无反顾地接受挑战。他一方面继续积极管理着菲亚特集团，一方面在努力寻求摆脱困境的方法。

上天不负苦心人，终于有一天，艾格龙尼想到了一位朋友维托雷·吉德拉，他是一位极具才华与能力的人。但艾格龙尼也没有把握，吉德拉是否愿意接受他的邀请，面对着菲亚特汽车公司目前的窘境，是否有勇气接受无法欲知未来的挑战。

双方见面一拍即合，艾格龙尼任命吉德拉为菲亚特汽车公司总经理，将公司全权交给他独立经营。吉德拉管理才华出众，平易近人，具有不屈不挠而又吃苦耐劳的性格，而且像老虎一样敢于接受各种挑战，艾格龙尼正是看中了朋友的这些优点而邀请他来任职的。

吉德拉上任后，没有让艾格龙尼失望。他面对着眼前濒临倒闭、一团乱麻无法正常运转的公司，果然出手不凡，大刀阔斧地进行了一系列行之有效的改革。

比如，注重提高员工文化素质，改组管理机构；为了加强新车开发，他还冒着风险，重新设立了首席工程师一职，并授予广泛的权力。

设立了首席工程师一职，是吉德拉出的一步险棋，冒着决策失误的风险，去迎接未来的挑战与检验。

首席工程师除了有权决定新型号汽车的设计外，还负责全盘考虑新车的市场前景，统筹生产制造的各个环节，挑选零部件供应商，制定拓销策略；对于可能影响未来车型的各种问题，则及时加以解决，使产品更好地适应市场的需要。

自实施首席工程师制度以来，大大加快了新车开发的速度，为市场竞争赢得有利的条件。

在吉德拉的改革下，菲亚特汽车公司很快摆脱了困境，到1984年终于使新车销售达到了100万辆，跃居欧洲第一。吉德拉本人也由于经营有方而闻名，被人们称之为欧洲汽车市场的一代"霸主"。

艾格龙尼在困难面前没有失去信心，没有裹足不前，没有选择放弃，而是勇敢地接受挑战，在挑战中寻找着成功，寻找着机遇，为扭转企业的命运惊醒着不懈的努力，直到彻底实现了他人认为很难实现的目标。

被吉尼斯世界大全称为"全世界最伟大的推销员"乔·吉拉德是这样说的："要在挑战中实现梦想，体现价值。"

"成功的起点是：首先要敢于接受挑战。就算你有过人专业技能，渊博的知识，聪慧的头脑，可如果你没有一种敢于挑战困难的勇气，那么没有你可以胜任的工作。"乔·吉拉德如是说。

刚做汽车销售这行时，他只是公司42名普通的销售员之一。销售工作是一种时时要接受挑战，时时面对很多不确定的困难的工作，与他同事的那些销售员，他有一半不认识，他们常常是来了又走，流动很快。

但是乔·吉拉德从来不像别人一样来了又走。在每一个挑战面前，他始终表现出一种沉着、果敢，不达目的决不罢休的态度。

就在乔·吉拉德一个月没有卖掉一辆汽车时，他没有退缩，没有放弃，没有一蹶不振，而是以同样的热情，去迎接每一个崭新一天的挑战。

敢闯的人总会说："挑战是具体的，是可以看得见，摸得着的。迎接挑战则是对每一个困难的解决和克服！"

乔·吉拉德做销售时业绩突出。一次，公司欲派他到一个新的地区去开拓市场，是放弃现在业已取得一定成绩的工作和放弃稳定的待遇，还是去拼搏前途未卜的新的机遇？是还在原来的岗位上稳扎稳打，还是去挑战也许是没有任何结果的未来？

曾有一段时间乔·吉拉德彷徨了，犹豫了。

可这不是乔·吉拉德！经过认真思考，乔·吉拉德毅然接受了任务，放弃个人得失，去为公司开拓新的市场。

面对困难时的退缩，不是乔·吉拉德的性格；勇于接受未知的挑战，才是乔·吉拉德的选择。

选择容易做出，局面却难以打开。面对新的市场，乔·吉拉德一个月没有卖掉一辆汽车，但仍没有让他放弃新的市场的开拓，多年来的经验教训告诉他，销售行业是一个不断挑战自我，挑战勇气的工作，如果现在退出，那就等于举手投降、全盘放弃。

乔·吉拉德没有畏缩不前，他坚持着。

乔·吉拉德这回真的胜利了。在他不懈的努力下，市场给了他丰厚的回报。还以自己无人能匹敌的销售业绩被载入吉尼斯世界纪录，被誉为"全世界最伟大的推销员"。

做一个敢于应对挑战的行动者吧！大任也必将降落在行动者的肩头，事业在每一个挑战中成功，生命在每一个挑战中升华。

懒惰只会让你更加拖延

一位外国人周游世界各地，见识十分丰富。他对生活在不同地位、不同国家的人有相当深刻的了解，当有人问他不同民族的最大的共同性是什么，或者说最大的特点是什么时，这位外国人用不大流畅的英语回答道："好逸恶劳乃是人类最大的特点。"

无论王侯、贵族、君主还是普通市民都具有这个特点，人们总想尽力享受劳动成果，却不愿从事艰苦的劳动。懒惰、好逸恶劳这种本性是如此根深蒂固、普遍存在，以至于人们为这种本性所驱使，往往不惜毁灭其他的民族，乃至整个社会。为了维持社会的和谐、统一，往往需要一种强制力量来迫使人们克服懒惰这一习性，不断地劳动。由此就产生了专制政府，英国哲学家穆勒这样认为。

无论是对个人还是对一个民族而言，懒惰都是一种堕落的、具有毁灭性的东西。懒惰、懈怠从来没有在世界历史上留下好名声，也永远不会留下好名声。懒惰是一种精神腐蚀剂，因为懒惰，人们不愿意爬过一个小山岗；因为懒惰，人们不愿意去战胜那些完全可以战胜的困难。

因此，那些生性懒惰的人不可能在社会生活中成为一个成功者，他们永远是失败者。成功只会光顾那些辛勤劳动的人们。懒惰是一种恶劣而卑鄙的精神重负。人们一旦背上了懒惰这个包袱，就只会整天怨天尤人、精神沮丧、无所事事，这种人完全是一种对社会无用的卑鄙之人。

有些人终日游手好闲、无所事事，无论干什么都舍不得花力气、下功夫，但这种人的脑瓜子可不懒，他们总想不劳而获，总想占有别人的劳动成果，他们的脑子一刻也没有停止思维活动，他们一天到晚都在盘算着去掠夺本属于他人的东西。正如肥沃的稻田不生长稻子就必然长满茂盛的杂草一样，那些好逸恶劳者的脑子中就长满了各种各样的"思想杂草"。懒惰这个恶魔总是在黑夜中出现，它直视那些头脑中长满了这些"思想杂草"的懦夫，并时时折磨他们、戏弄他们：

霍尔博士认为："没有什么比无所事事、空虚无聊更为有害的了。"一位大主教认为："一个人的身心就像磨盘一样，如果把麦子放进去，它会把麦子磨成面粉，如果你不把麦子放进去，磨盘虽然也在照常运转，却不可能磨出面粉来。"

那些游手好闲、不肯吃苦耐劳的人总是有各种漂亮的借口，他们不愿意好好地工作、劳动，却常常会想出各种主意和理由来为自己辩解。确实，一心想拥有某种东西，却害怕或不敢或不愿意付出相应的劳动，这是懦夫的表现。无论多么美好的东西，人们只有付出相应的劳动和汗水，才能懂得这美好的东西是多么地来之不易，因而愈加珍惜它，人们才能从这种"拥有"中享受到快乐和幸福，这是一条万古不易的原则。即使是一份悠闲，如果不是通过自己的努力而得来的，这份悠闲也就并不甜美。不是用自己劳动和汗水换来的东西，你就没有为它付出代价，你就不配享用它。

懒惰、无所事事从来就不是一种荣耀，更不应该成为一种特权。尽管在这个社会上有许多卑鄙的小人极满足于白吃白喝，并以大肆挥霍、浪费为荣，但那些稍有头脑、有抱负、有良知的人们毫无疑问会鄙夷他们。这些堕落的贵族与他们自己享有的尊贵荣誉完全不相符合，他们早已成了行尸走肉，已经不具有良知和人性了。

斯坦利勋爵说："一个无所事事的人，不管他多么和气、令人尊敬，不管他是一个多么好的人，不管他的名声如何响亮，他过去不可能，现在也不可能，将来也不可能得到真正的幸福。生活就是劳动，劳动就是生活。有人认为只有躲在自己的小天地里，两耳不闻窗外事才能避免种种烦恼和不幸。许多人都已经这样试过，但结果总是一样。无论是谁，他既不可能躲避烦恼和忧愁，也不可能避开辛苦的劳动，劳动和烦恼乃是人类无法逃避的命运之神……那些尽力躲避烦恼的人，烦恼却总是找上门来，忧愁也总是光顾他们。"

另外，一个人生命的意义也不能仅拿他活了多大岁数这个标准来衡量，那种认为活得越久，生命的意义越大的观念是不正确的。衡量一个人生命的意义主要应看他干了什么，他对自己所干的事情的兴趣如何。他干的事情越有益，他为之付出的精力和代价越大，那么，他的生活就越充实，从而也就越有意义。

只有行动者才能抓住机遇

争气的人不会等待机会的到来，而是寻找并抓住机会，把握机会，征服机会，让机会成为服务于他的助力。

一个人只有敢于行动，才能真正地获得机遇，才能在人生的道路上驾驭机遇，取得人生中的成功，去实现自己的理想与抱负。

敢于行动的人，才是一个真正成功的人，不断努力创造机遇是行动的一个主要力量。机遇不是等待是创造。世界上所有成功人士都懂得创造机遇的奥秘，那就是敢于行动。机会永远都垂青那些敢于尝试新鲜事物的人们，当机会来临的时候不要犹豫不前，而是要在经过认真思考之后，果断地采取行动，把握机遇！第一个敢于吃螃蟹的人才有可能暴富。我们可以看到，从李嘉诚到潘石屹，哪个不是投机获得的第一桶金？想法决定所需，行动决定所得！无论你想什么，如果没有行动，它就是空想，所以说，一个人若想成功，不应该停在想的阶段，而是应该去行动。

一家公司因用人需要，正在进行招聘工作，此时，招聘室外已经排了 20 来个人。这时，一个男孩也来排队。他立刻意识到自己前面已经排了 20 个人，然而他并没有站在那干等。他留了张纸条让排在他后面的人帮他占住这个位置。然后，他就走到招聘室外的秘书小姐处，递给她一张纸条，上面写着："您好！我是第 21 位面试者，请您在面试完 21 个人之前不要轻易做出决定。谢谢!"秘书看到他一表人才，于是答应替他把小纸条交给面试官。面试官看完那张纸条后，笑了一笑。

一个人要想获得机会，那么就必须主动伸出你的手去抓，你就得马上行动起来，为机遇的到来做好准备。一个不行动的人，即使有好的内在资源，说得不好听一点儿也只不过是只"不产蛋的鸡"。不管有怎样美好的梦想，怎样巧妙的构思，怎样坚定的信心，如果没有行动这只手，这些东西也只是一种虚假的存在。威廉·詹姆斯在《生命的意义》中曾说："纯粹的理想是生命中最廉价的东西……最不值一提的感伤主义者、梦想者、醉汉、逃避责任者和拙劣的诗人，从不表露丝毫的努力、勇气和耐心，或许他们会有最丰富的理想。"还有著名作家茨威格也说："不顾一切地采取果断的行动……因为单凭善心和真理，从来没有把人类治愈过，也从来没有把一个人治愈过。"机遇是自己用行动创造出来的，一个人若想获得机遇，就需要采取行动，把机遇创造出来。如果一个人想等着别人把机遇送到他面前，那他就永远也不会成功。无论从哪方面说，干什么都需要行动。只不过早晚而已，而早晚的结果却是大不相同的。早行动是一种状态，行动早则是一种机遇。如果我们不能把握时机，虽然起步只比别人迟一点，未来可能会比别人差很多。机遇就是行动，一个人要敢于行动，因为它孕育希望。

任何一个机会，都需要我们自己去创造，如果一个人天真地相信好机会在别的地方等着你，或者会自动找上门来，那么，他无疑是一个失败的人，永远不会成功。所以，如果我们现在没有工作，或者是暂时有困难，不要等着好差使上门找你。总之，如果你不用主动、用行动去创造机会，不去发现机会，你就会在守株待兔般的等待中虚度一生。

一只狐狸听说河对岸有甘甜的葡萄可以吃，它便想过河去，可当它走到河边后，聪明的狐狸犯难了，想过河就得弄湿自己光滑、漂亮的皮毛，而如果不过河的话就吃不到甘甜的葡萄。这时它想着，不知道该怎么办。狐狸在河边踱步、沉思，专注地连身后猎人的脚步声都没有听到，于是它成了猎人的猎物。在我们的现实生活中，每个人都想获得成功，可真正能成功的人却寥寥无几。那并不是因为他们不够聪明，而是他们太过于聪明了，只是一味地打算，而不去行动，只要去行动，总会有所收获，因为只有行动才会为成功创造机遇。

有一天，三个财主一起出去散步，其中有一个人忽然发现前方躺着一枚闪闪发光的金币，他高兴的眼神顿时凝固了！几乎同时，另一个人也大叫起来："金币"。话音还没有落下来，第三个人已经俯身把金币捡到自己手里。

从这个故事中我们可以知道：每个人在机遇面前都是平等的，行动才是最重要的。在我们的现实生活中，有很多人都发现了很多机遇，但是最重要的他们没有去做，这也是他们失败的原因。就是他们不能立即通过行动去抓住机遇，最终没有发现机遇。

生活中到处都是机遇，只是看你是否会把握，是否会用自己的行动去抓住它，如果一个人抓住机遇，那这个人就已经成功了一半，而另一半就是我们所说的，也是最重要的——行动！机遇对每个人来说是一样的，但是，对不同行动的人又是不一样的。机遇只留给有强烈创业欲望及事业心的人，他们会用行动去得到机遇。这样的人生活处事时时留心，善于通过健康心理的作用透视现象，产生超前思维，并大胆设计付诸行动，这样才会有一个好的人生。

行动会使一个人实现梦想，行动也会使一个人在平凡中脱颖而出，也只有行动才有可能成功，一百次的心动不如一次的行动，大胆行动，行动创造价值，积极行动可以使你抓住成功的机遇，在我们的生活中，我们应该用敏锐的目光去发现机遇，用果敢的行动去抓住机遇；还要用坚持不懈的努力去把机遇变成真正的成功。

成功没有捷径，投机取巧也是拖延

我们当中总不乏有些人在做事前先要费尽心思地盘算能不能偷工减料，能不能找到解决问题的小窍门、小技巧，甚至不惜损害他人的利益来达到自己的目的。这些人总以为自己很聪明，可事实证明，越是自作聪明的人，越是"聪明反被聪明误"。

人若有些小聪明是好事，但是我们不应当将所有的希望，将事物的成败都寄予我们的"小聪明"上，更多的时候，我们需要的是脚踏实地地去做，去努力，而不是依靠投机取巧。

世界上最伟大的哲学家之一柏拉图正和他的学生走在马路上。这名学生是柏拉图的得意弟子之一。他很聪明，总是能在很短的时间之内领会老师的意思；他很有潜力，总是能提出一些具有独特视角的问题；他也很有理想，一直希望自己能够成为像老师一样伟大，甚至比老师还要博学的哲学家。所以他常常自视聪慧，不愿意在学识上多下功夫，自认为聪明能敌过他人的努力。

但是柏拉图认为他还需要生活的历练，还需要更加刻苦。柏拉图曾经语重心长地对这名学生说过一句话："人的生活必须要有伟大理想的指引，但是仅有伟大的理想而不愿意脚踏实地，一步一个脚印地朝着理想奋进，那也就不能称为完美的生活。"

这名学生知道老师是在教导自己要脚踏实地，但他认为自己比别人聪明，总能用一些技巧轻易地解决问题；自己的理想也比别人的更加伟大，所以只要自己想做的，总能轻易地取得成功。

柏拉图也相信这名学生能够做出一番大事业，但是他却只看到大目标而不顾脚下道路的坎坷以及自身的缺点。柏拉图一直想找一个合适的机会让学生自己意识到他的这一缺点。一天，柏拉图看到他们前面的不远处有一个很大的土坑。这个土坑周围还有一些杂草，平常人们只要稍加注意就可以绕过这个土坑，但柏拉图知道他的学生在赶路时经常不注意脚下。于是，他指着远处的一个路标对学生说，"这就是我们今天行走的目标，我们两个人今天进行一次行走比赛如何？"学生欣然答应，然后他们就开始出发了。

学生正值青春年少，他步履轻盈，很快就走到了老师的前面，柏拉图则在后面不紧不慢地跟着。柏拉图看到，学生已经离那个土坑近在咫尺了，他提醒学生"注意脚下的路"，而学生却笑嘻嘻地说："老师，我想您应该提高您的速度了，您难道没看到我比您更接近那个目标了吗？"

他的话音刚落，柏拉图就听到了"啊！"的一声叫喊——学生已经掉进了土坑里。这个土坑虽然没有让人受重伤的危险，但是它却足以使掉下去的人无法独自上来。

学生现在只能在土坑里等着老师过来帮他了，柏拉图走过来了，他并没有急着去拉学生，而是意味深长地说："你现在还能看到前面的路标吗？根据你的判断，你说现在我们谁能更快地到达目的地呢？"

聪明的学生已经完全领会了老师的意思，他满脸羞愧地说："我只顾着远处的目标，却没走好脚下的每一步路，看来还是不如老师呀！"

一个人拥有智慧的头脑是值得骄傲的，但是聪明并不代表着一切，聪明是天赋，是先天的优势，但是成功却等于1%的天赋加上99%的汗水。倘若你比他人有天赋，那说明你比他人离成功更近，你有更多的资本走上成功的捷径，但并不代表着成功。如果仅仅想要依靠聪明天赋来成就一番事业，而不愿意脚踏实地、勤奋努力地做事，那即使有再高的天赋也是无用的，因为成功还必须有付出和努力。

聪明也并不代表智慧。很多人在不同的方面都有些小聪明，但真正有大智慧的人却寥寥无几。

莎士比亚提醒我们，千万不要自作聪明，变成"一条最容易上钩的游鱼"，"用自己全副的本领"来"证明自己的愚笨"。

一个人如果把心思过多地用在小聪明上，他必定没有精力去开发和培植他的大智慧。聪明和智慧是两个不同的概念，智慧有益无害，聪明益害参半，把握得不好的小聪明则贻害无穷。

拥有太多小聪明的人，往往都用于追逐眼皮底下的急功近利，看不到长远的根本利益。相反地，具有大智慧者很少会在众人面前炫耀自己的聪明才智，他们更不会自作聪明地干一些实际上愚蠢至极的事情。真正的聪明者不需要通过投机取巧来加以表现，自作聪明者常常反被自以为是的小聪明所累。

一位哲人说过："投机取巧会导致盲目行事，脚踏实地则更容易成就未来。"

我们的成功需要智慧，更需要脚踏实地地付出。人要站得牢才会走得稳，投机取巧走捷径或许在一时能得到好处，但是因为没有厚实的基础，脚步太过于轻快，导致的结果只会是在长途跋涉中落后于别人。作为一个渴望获得成功的人来说，我们的眼光永远看向前方，但是前进的道路却在我们脚下，只有实实在在地走好每一步，才能走得更远。

世界上绝顶聪明的人很少，绝对愚笨的人也不多，一般都具有普通的能力与智商。但是，为什么许多人都无法取得成功呢？

一个最重要的原因在于他们习惯于投机取巧，用小聪明来替代所必须要付出的心血，不愿意付出与成功相应的努力。人们都懂得

"宝剑锋从磨砺出，梅花香自苦寒来"的道理。可是一旦摊上自己做事，马上就又回复到"投机取巧"的"捷径"上来了。

　　投机取巧会使人堕落，让人不断拖延，最终一事无成。只有勤奋踏实地工作才是最高尚的，才能给人带来真正的幸福和乐趣。成功者的秘诀就在于他们能够摒弃"投机取巧"的坏习惯，无视那些小聪明，用自己的努力开创属于自己的辉煌人生。

抓住当下就好

执行力强的人不会为了昨天的失去念念不忘、耿耿于怀，不会为明天的美丽意气风发、热血沸腾。因为，昨天已经过去，明天无法预知，只有今天真正属于自己。他们会珍惜过好每一个今天，不浪费今天去追忆昨天、幻想明天，那么到达生命终点时，他们的人生也毫无遗憾。

时间并不能像金钱一样可贮存起来以备不时之需。我们所能够使用的只有被给予的那一瞬间，也就是今天、现在。因此，抓住每一个今天，你就抓住了全部。一位电台主持人对"只有今天"的技巧和意义有着深刻的亲身体会：

一个不拖延的人不会感觉自己意志薄弱而且缺乏勇气，从不对自己失去了信心。争气的人往往会在日志上写道："就在今天，你也可以成为你现在所处环境的朋友。意志薄弱、没有信心、感到厌烦等情绪问题都不必去理它，明天早上一觉醒来就用冷水摩擦你的脸。不要记挂明天、后天的事。只要好好地充实'今天'，这点应该很容易做得到。只要你切身实行'仅仅今天'，那么一切都会改变。冷水摩擦对于身心两方面都具有强化的效果。"

于是，他们做到这点，将这个"仅仅今天"的概念广泛运用在日常生活中。诸如痛苦、病痛、厌恶的事也只要在"仅仅今天"忍耐而已。明天可能无法忍耐，但是起码在"仅仅今天"已经忍耐过去了。

执行力强的人认为"无须为明日烦恼忧虑，只需全力以赴地生活在今天"的方式生活做事，对我们的人生可以产生难以估计的力量。

昨天是一张作废的支票，明天是尚未兑现的期票，只有今天是现金，有流通性的有价值之物。如果不抓住今天，所有的希望都会消磨，在懒散消沉中流逝。

再说，与其费尽心思把今天可以完成的任务拖到明天，还不如用这些精力把工作做完。任务拖得越后就越难完成，做事的态度就越是勉强。今天能完成的工作，被推迟几天或几个星期后，就会变成负担。在收到信件时没有马上回复，以后再捡起来回信就不那么容易了。许多大公司都有这样的制度：所有信件都必须当天回复。只有今天，更近只有今天，更近一步来说，就是珍惜现在的每分每秒。并且，珍惜时间并不只是珍惜你自己的时间，更意味着你要珍惜别人的时间。

"一个人如果根本不在乎别人的时间，"贺拉斯·格里利说，"这和偷别人的钱有什么两样呢？浪费别人的一小时和偷走别人五美元有什么不同呢？况且，很多人工作一小时的价值比五美元要多得多。"

华盛顿总统四点钟吃饭，有时候应邀到白宫吃饭的国会新成员迟到了，这个时候华盛顿就会自顾自地吃饭而不理睬他们，这使他们感到很尴尬。华盛顿经常这样说："我的表从来不问客人有没有到，它只问时间有没有到。"他的秘书找借口说，自己迟到的原因是表慢了。华盛顿回答说："那么，或者你换块新表，或者我换个新秘书。"

有一次，拿破仑请元帅们和他共进晚餐，他们没有在约定的时间到达，他就旁若无人地先吃起来。他吃完刚刚站起来时，那些人来了。拿破仑说："先生们，现在就餐时间已经结束，我们开始下一步工作吧。"

昆西·亚当斯也从不拖延。议院开会时，看到亚当斯先生入座，主持人就知道该向大家宣布各就各位，开始开会了。有一次发生了这样一件事，主持人宣布就座时，有人说："时间还没到，因为亚当斯先生还没来呢。"结果发现是议会的钟快了三分。三分钟后，亚当斯先生像往常一样准时到达。

所以，执行力强的人会每天的太阳落山的时候，勇敢地拍着胸脯子自豪地说："今天，我没有白过。"这样，他们真的把握住了今天。

我们要走出昨天的误区，把握今天的时光。这样才能弥补昨天，充实明天。因此，那些还徘徊在今天和明天的人，那些把今天的任务塞给明天的人，如果想在明天干出一番大事业，成就更好的自我，把握住今天才是最好的选择。

不怕失败，大胆地去尝试

你可能有很多美妙的构想、详尽的计划，但如果你不去尝试，不敢行动，那么它们就毫无意义。只有大胆尝试，才能把梦想化为现实。

美国探险家约翰·戈达德说："凡是我能够做的，我都想尝试。"在约翰·戈达德15岁的时候，他就把他这一辈子想干的大事列了一个表。他把那张表题名为"一生的志愿"。表上列着："到尼罗河、亚马孙河和刚果河探险；登上珠穆朗玛峰、乞力马扎罗山和麦特荷恩山；驾驭大象、骆驼、鸵鸟和野马；探访马可·波罗和亚历山大一世走过的道路；主演一部'人猿泰山'那样的电影；驾驶飞行器起飞降落；读完莎士比亚、柏拉图和亚里士多德的著作；谱一部乐曲；写一本书；游览全世界的每一个国家；结婚生孩子；参观月球……"每一项都编了号，一共有127个目标。

当戈达德把梦想庄严地写在纸上之后，他就开始抓紧一切时间来实现它们。

16岁那年，他和父亲到了乔治亚州的奥克费诺基大沼泽和佛罗里达州的埃弗格莱兹去探险。这是他首次完成了表上的一个项目，他还学会了只戴面罩不穿潜水服到深水潜游，学会了开拖拉机，并且买了一匹马。

20岁时，他已经在加勒比海、爱琴海和红海里潜过水了。他还成为一名空军驾驶员，在欧洲上空做过33次战斗飞行。

21岁时，已经到21个国家旅行过。

22岁刚满，他就在危地马拉的丛林深处，发现了一座玛雅文化的古庙。同一年，他就成为"洛杉矶探险家俱乐部"有史以来最年轻的成员。接着，他就筹备实现自己宏伟壮志的头号目标——探索尼罗河。

戈达德26岁那年，他和另外两名探险伙伴，来到布隆迪山脉的尼罗河之源。三个人乘坐一只仅有60磅重的小皮艇，开始穿越4000英里的长河。他们遭到过河马的攻击，遇到了迷眼的沙暴和长达数英里的激流险滩，闹过几次疟疾，还受到过河上持枪匪徒的追击。出发十个月之后，这三位"尼罗河人"胜利地从尼罗河口划入了蔚蓝色的地中海。

紧接着尼罗河探险之后，戈达德开始接连不断地实现他的目标：1954年他乘筏漂流了整个科罗拉多河；1956年探查了长达2700英里的刚果河；他在南美的荒原、婆罗洲和新几内亚与那些食人生番、割取敌人头颅作为战利品的人一起生活过；他爬上阿拉拉特峰和乞力马扎罗山；驾驶超音速两倍的喷气式战斗机飞行；写成了一本书《乘皮艇下尼罗河》；他结了婚，并生了五个孩子。开始担任专职人类学者之后，他又萌发了拍电影和当演说家的念头。在以后的几年里，他通过演讲和拍片，为他下一步的探险筹措了资金。

将近60岁时，戈达德依然显得年轻、英俊，他不仅是一个经历过无数次探险和远征的老手，还是电影制片人、作者和演说家。戈达德已经完成了127个目标中的106个。他获得了一个探险家所能享有的荣誉，其中包括，成为英国皇家地理协会会员和纽约探险家俱乐部的成员。沿途，他还受到过许多人士的亲切会见。他说："……我非常想作出一番事业来。我对一切都极有兴趣：旅行、医学、音乐、文学……我都想干，还想去鼓励别人。我制定了那张奋斗的蓝图，心中有了目标，我就会感到时刻都有事做。我也知道，周围的人往往墨守成规，他们从不冒险，从不敢在任何一个方面向自己挑战。我决心不走这条老路。"

戈达德在实现自己目标的征途中，有过 18 次死里逃生的经历。"这些经历教我学会了百倍地珍惜生活，凡是我能做的，我都想尝试，"他说，"人们往往活了一辈子，却从未表现出巨大的勇气、力量和耐力。但是，我发现，当你想到自己反正要完了的时候，你会突然产生惊人的力量和控制力，而过去你做梦也没想到过，自己体内竟蕴藏着这样巨大的能力。当你这样经历过之后，你会觉得自己的灵魂都升华到另一个境界之中了。"

"《一生的志愿》是我在年纪很轻的时候立下的，它反映了一个少年人的志趣，其中当然有些事情我不再想做了，像攀登珠穆朗玛峰或当'人猿泰山'那样的影星。制定奋斗目标往往是这样，有些事可能力不从心，不能完成，但这并不意味着必须放弃全部的追求"。"检查一下你的生活并向自己提出这样一个问题是很有好处的：'假如我只能再活一年，那我准备做些什么？'我们都有想要实现的愿望，那就别拖延，从现在就开始做起"！

很多美妙的构想、详尽的计划，但如果你不去尝试，不敢行动，那么它们就毫无意义。只有大胆尝试，才能把梦想化为现实。

路都是自己走出来的

无论是一穷二白、毫无家世背景的穷小子，还是有着政治家的父亲、事业家的母亲的幸运儿，如果想成为真正的成功者，只有通过自己的打拼，才能干出自己的天下。没有谁能给你铺好一条通往成功的路——成功的路，是要靠自己走出来的！

美国"假日旅店大王"科尔斯·威尔逊，在世界上拥有"假日旅店"（包括饭店）达3000多家，他的个人拥有的财富在2亿美元以上，早已经踏入了巨富的行列。他就是坚持自己的意念，自己开拓了一条崭新的路，并最终让世人都看到这条道路就是通向成功的大路。

年轻时的威尔逊并不是很顺利的，他曾经从事过好几种职业，但都不能在行业中崭露头角，这对一个有着远大理想的人来说，确实是一种折磨。

1952年的一天，他到一家旅馆投宿，看到旅馆的环境很脏，服务也很差，使他很不高兴。失望之余，他忽然兴起了一个念头：我何必着眼于别人的过错而不满呢？我应该看看别的方面，比如我如果开一家旅馆，好好经营，不就可以把这些差的旅馆的生意抢过来了吗？

威尔逊认为这是个不错主意，但是开一家好旅馆是很普通的，未必有那么大的竞争力，要是能有更新鲜的方式，就会大不一样了。威尔逊这时思考的不是要不要开一家旅馆，而是要怎样开一家有自己特色的旅馆了。

当时，美国的汽车工业发展得十分迅猛，威尔逊一向关注于此，他已经预感到"汽车化社会"很快就要到来了。他的心中产生一个新奇的想法：可以创办一种新型旅馆——"汽车旅馆"专门为汽车司机服务。

可是，这样的旅馆在世界上还没有出现过，因此没有什么经验可以借鉴，不知道能不能成功。不过威尔逊认为这样的大方向应该是没有错误的，前景是很好的，应该去尝试。至于具体的新型旅馆的经营，就要靠自己慢慢地摸索，逐步地改善了。

于是，这年冬天，威尔逊便在田纳西州的孟菲斯开办了第一家"汽车旅馆"。这家旅馆的优势是房租低廉、整洁卫生、服务一流。它提供廉价、味美、量多的食品，使顾客能以普通的价钱吃到一般美国人所吃的三餐。因为是"汽车旅馆"所以为驾驶者和汽车的服务就成为旅馆的特色。旅馆专门建有停车场，驾驶汽车的人们来到这家"汽车旅馆"住宿，感到处处透着舒适和方便。因此，这家旅馆的口碑越来越好，生意也越来越兴隆。威尔逊看到了成功的影子，进而雄心大发，没用几年的时间，就陆续在美国各地开设了数百家这样的汽车旅馆，形成了庞大的连锁组织。

20 世纪 50 年代后期，旅游业兴起，世界各地每年有数以百万的游客涌来美国。威尔逊又决定创办"假日旅店"，特色定位于专门为国外旅客服务。他四处寻找兴建这种旅店的地皮，或采用专利权方式组织连锁旅社，大力扩展业务。"假日旅社"仍然是以清洁、方便、价廉为经营宗旨，旅社内专门社有"犬屋"，给喜欢带着爱犬外出旅游的人提供服务。饮食限于适合大众化的品种，讲求廉价美味且量多；酒也不卖进口的高级品，只卖大众化的"假日旅店牌"威士忌，总之，一切都为游客着想，使大众的利益与企业的利益一致化，也正是它的一个经营特色。到 1976 年，威尔逊在美国各地经营的"假日旅社"就有 1543 家之多。

　　威尔逊的理想实现了，他成功了，富有了，并且走的是自己闯出的道路。对每个闯在社会的人来说，这确实是个很好的启迪。

　　会干的人，往往都存在一个显著特征：遇事头脑清醒，对待问题思维灵活、机动，有着自己独到的见解，和独立解决问题的能力。他们不愿意跟在别人的后面，去重复别人的工作和方法，而是自己思考出多种方案。也就是说他们习惯于充分培养、发挥自己的创造性的思维，去走自己的路。

保持行动，你总会赢

一个执行力强的人总是不断地尝试，不断地改进，不断地行动。人性中最可贵的一点是人有选择的自由，成功者为求得自我的充分发展，不惜一切代价获得自由，以成就生命的伟大。

相传虞舜时代有位董公，有养龙的本领。舜帝为奖励他养龙的功绩，赐他为豢龙氏。豢龙氏得到两条龙，于是把龙饲养起来。

这两条龙住进了为它们准备的房子和池塘里，于是觉得百川四海不值得游；吃着主人给准备的美食，觉得海中的鲸鱼也不够肥美了。那龙吃得好，住得舒服，在池子里慢悠悠地游动，挺安逸的样子。接受主人的安抚，舍不得离开。

一天，有条野龙在驯龙的池边飞腾而过，那两条驯龙向野龙打招呼，说："你干什么去！天地之间无边无际，天冷了，就得藏伏起来；天热了，就得向高处飞，能不辛苦吗？何不跟我们住在一起，有多安逸！"野龙抬起脑袋笑道："你们这地方多拘谨呀！老天赋予我们这样的形体，头上长着角，身上披着鳞；老天赋予我们这样的德行，在泉中潜伏，在天上飞翔；老天赋予我们这样的灵性，呼气为云而驾驭风；老天赋予我们这样的职责，抑制烈日而施雨露给枯槁的草木。我们在无边无际的宇宙之外观览，在辽阔的原野上歇息。穷尽天地的边际，历经万物的变化，真是快乐极了！现今你们苟且地生存在像牛马蹄子踩出来的那点小水坑里，碰到的不过是泥沙。只有水蛭蚯蚓这类东西做伴，受制于豢龙人的嗜好而得到一点残汤剩饭，你们的形体虽和我一样，但乐趣却根本不同。受别人玩弄和人家的好处，被人扼住喉咙宰割成几大块，那是极容易的。我正要为你们感到悲哀而要拉你们一把，你们为什么反要诱惑我进那个陷阱呢！你们被杀掉的命运，看来不可避免了。"野龙继续向前飞，不久，那两条驯龙果然成了夏后氏的肉酱。

千千万万的人生活在一种束缚的、阻碍的环境中，生活在一种足以挫折人热忱、消磨人志气、分散人精力、浪费人时间的空气中，他们没有勇气去斩除束缚他们的锁链，去追求自由自在的生活，最终，他们的志向，会因没有活动及失望之故而归于毁灭。

许多人都为"愚昧"所幽囚，他们永远不能得到教育所能给予人们的自由，他们的精神力量永远封锁着，不能开放。他们没有勇气去求从愚昧中解放出来而奋斗；没有毅力去补救自己早年失学所带来的无知。

太多人因恐惧失败而不敢轻举妄动。这种恐惧心理局限于我们的眼界，低估了我们的能力。

有人曾做过这样一个实验：

把几只蜜蜂放在瓶口敞开的瓶子里，侧放瓶子，瓶底向光，蜜蜂会一次又一次地飞向瓶底，企图飞近光源。它们决不会反其道而行，试试另一个方向。因于瓶中对它们来说是一种全新的情况，是它们的生理结构始料未及的情况。因此，它们无法适应改变之后的环境。

这位科学家又做了一次实验，这次瓶子里不放蜜蜂，改放几只苍蝇。瓶身侧放，瓶底向光。不到几分钟，所有的苍蝇都飞出去了。它们多方尝试：向上、向下、面光、背光。它们常会一头撞上玻璃，但最后总会振翅向瓶颈，飞出瓶口。

然后，科学家解释这个现象说："横冲直撞要比坐以待毙高明得多。"

铲除一切足以阻碍、束缚我们的东西，走进自由而和谐的环境中，这是事业成功的重要准备。我们大部分人的毛病，就是在心中有志于成功，然而却不肯努力去求得成功。我们太信任"命运"了。

许多曾在世界上成就过大事业的人，他们伟大的力量，广阔的心胸，丰富的经验，究竟是从哪里得来的？他们会告诉你，那是奋斗的结果，是在挣脱不自由、不良的环境，挣脱束缚他们的桎梏，求得教育，脱离贫困，执行计划，实现理想的种种努力中获得的。

第四章
有了目标，拖延便很难滋生

　　就像赛跑一样，有了目标，你就会紧盯着目标，最终才能冲过终点线。很多拖延症患者缺乏的就是目标。而且还不止缺乏一种目标，他们没有短期的工作目标，也没有长期的人生规划，最终任由拖延滋生，贻误一生。

目标是行动的指南针

有人说，年轻就是资本，年老就是财富。这句话是说，随着年龄的增加，经历丰富了，见多识广了，这本身也是一种财富。大多数人在年轻的时候，都有过远大理想和抱负，都曾经雄心勃勃。几乎每一本成功和励志的书中都告诉我们：不想当将军的士兵不是好士兵。成功的人都有一个伟大的梦想。

随着时光的流逝，年纪的增长，许多人发现，自己距离年轻时候的理想和抱负非但没有靠近，反而离得越来越远了。回头想想自己走过的路，也努力过，奋斗过，也曾经流下了不少汗水，怎么自己就没有成功呢？

问题出在哪里呢？问题就出在他们没有把自己的理想，变成一个确定的目标，没有把勃勃的雄心，变成至高无上的目标和扎扎实实的行动。

人自身就是一座金矿，要有完善的计划才能把它开采出来。

为什么不为自己的人生作一个规划设计呢？

不为自己规划设计的人是对自己不负责任的人，没有规划设计的人生必定是杂乱无章的人生。

爱因斯坦是20世纪世界上最伟大的科学家，他取得了世人瞩目的成就，这与他一生的目标是紧密相连的。

他出生在德国一个贫苦的犹太家庭，家庭经济条件不好，加上自己小学、中学的学习成绩平平，虽然有志向科学领域进军，但他有自知之明，知道必须量力而行。他进行自我分析：自己虽然总的成绩平平，但对物理和数学有兴趣，成绩较好。自己只有在物理和数学方面确立目标才能有出路，其他方面是不及别人的。因而他读大学时选读瑞士苏黎世联邦理工学院物理专业。

由于奋斗目标选得准确，爱因斯坦的个人潜能就得以充分发挥，他在 26 岁时就发表科研论文《分子尺度的新测定》，以后几年他又相继发表了四篇重要科学理论，发展了普朗克的量子概念，提出了光量子除了有波的性状外，还具有粒子的特征，圆满地解释了光电效应，宣告狭义相对论的建立和人类对宇宙认识的重大变革。取得了前人未有的显著成就。

在德国有一个小男孩，他从小就对火箭感兴趣，梦想着火箭能把人带到太空，他为自己确立了一个人生目标，做一个火箭的专家。这男孩对自己的这个梦想着迷，以至于有一次他在大街上用两个火箭把一辆小推车发射出去的时候，这个少年被警察认为是疯子，带进了拘留所。这个梦想使他长大后在火箭技术方面出类拔萃，没有他，也许就没有把人载上月球的土星五号火箭。他就是后来任美国国家航空航天局空间研究开发项目的主设计师布劳恩。

拥有一个远大的目标是极为重要的。一个人之所以能够成功，首要的是因为他拥有一个远大的目标。这个目标对人的影响力非常大，能够改变他的价值观，改变他的信仰，改变他的决策模式和行为方式，进而赋予他行动的力量。

目标可以让你义无反顾地前进

"不要让什么事使你心乱，不要让什么事使你悲愁，一切都会过去，只要坚韧，终可达到目标。"

这是圣女特丽莎的伟大箴言，我们将它牢记在心，每当事情进展不顺利的时候，想起这几句话，并大声地把它喊出来，可以从中得到了安慰；让人鼓起勇气继续前行。

美国短跑名将迈克·约翰逊，他为了挑战人类体能极限，遭受了各种挫折，也曾经历两次奥运的失败。但他没有放弃自己成为世界冠军的目标，当他遇到重大挫折时，他会无数次地重复和努力，他相信他能再次站立起来。

他在夺得亚特兰大奥运会四百米赛跑冠军时，有位记者这样形容当时的精彩场面。"当枪声响起，他如飞而去，不一会儿就把所有的选手甩在后面。他专心一意地注意跑道，观众的喧哗声似乎从他的耳中渐渐退去，其他的选手好像也不存在了，眼前只剩下他和脚下的跑道，心中有一个自然的节拍在运作着，他全神贯注在目标上。"

如果你认为只有特殊重要人物才会拥有目标，你就永远无法超越平庸的角色。每个人都有梦想的权利。而目标就是我们要实现的梦想。

没有目标，你就不会有进步，也不可能采取任何实践的步骤。且不说人要有长期目标，就拿一件最简单的事来说：假如你在今天没有明确要做的事情，那么，你就会在今天东摸摸，西逛逛，糊里糊涂地过完一整天，没有一点儿收获，同样，一个人如果没有目标，没有对人生的规划，那么，他这一生也会像这一天一样，没有任何价值。

1952年7月4日清晨，加利福尼亚海岸笼罩在一片浓雾之中。在海岸以西21英里的卡塔林纳岛上，一个34岁的妇女跳入太平洋中，开始向加州海岸游过去。要是成功了，她就是第一个游过这个海峡的妇女，这名妇女叫费罗伦丝·查德威克。在此之前，她是游过英吉利海峡的第一个妇女。

那天早晨，海水冻得她身体发麻。雾很大，她几乎看不见护送她的船。时间一小时一小时地过去，她一直不停地游。15个小时后，她又累又冷。她知道自己不能再游了，就叫人拉她上船。她的母亲和教练在另一条船上，他们都告诉她离海岸很近了，叫她不要放弃。但她朝加州海岸望去，除了茫茫大雾，什么也看不到。

又过了几十分钟，她叫道："实在游不动了。"人们把她拉上船。几个小时后，她渐渐暖和多了，这时却开始感到失败的打击，她不假思索地说："说实在的，我不是为自己找借口，如果当时我看见陆地，也许我能坚持下来。"

其实，她上船的地点，离加州海岸只有半英里！后来她说："令我半途而废的不是疲劳，也不是寒冷，而是因为我在浓雾中看不到目标。"这也是她一生中唯一一次没有坚持到底。

两个月后，她成功地游过了同一个海峡，她不但是第一个游过卡塔林纳海峡的女性，而且比男子的纪录还快两个小时。

查德威克虽然是一个游泳好手，但她也需要有清楚的目标，才能激发持久的动力，才能坚持到底。我们的学习同样需要有明确的目标，有了目标，我们就能有更大的干劲，有更加持久的力量。

所以说，拥有目标的好处在于，我们只有知道自己的目标在哪儿，才能走上正确的轨道，奔向正确的方向。并拥有强大的动力，有了目标，即使在做一件最微不足道的事情，也都会有其意义。在工作中，往往有员工没有目标，而使工作变得乏味，使生活也变得不再有意义。而有目标的人在工作中总是能够创造价值最大化，获得更长远的发展。

有目标的人就会义无反顾地前进，他们不畏艰辛地追求自己的人生理想，尽管他们所追求的理想有时难以实现，但他们还是认为只要树立了目标，本身就有一种吸引力，不顾一切地去奔赴。

人生需要终极目标

大多数人在人世浮沉中，并不了解他们的未来是自己造就的，他们在工作中喜欢干到哪儿算哪儿，他们从来没有一个长远的计划和明确的目标。而少数有卓越成就的都是了解自己追求什么，并且有完整计划的人。这些人很清楚自己想要什么，而且要如何获取。所以说，一个人只有先有目标，才有成大事的希望、才有前进的方向。

不管是在工作还是生活中，目标的设定都是最基本的要求。要是没有目标，我们就永远不晓得自己该往何处去。这就好比是物理实验中自由运动的粒子一样，如果不能在随机碰撞中巧遇到其他粒子，就只能一直不断地运动下去，当然起不了什么变化。生活要是没有了目标，就只能一成不变地延续着，我们就会像行尸走肉一样，生活没有追求，迷失在茫茫人海中。

说得更直白一点，没有目标也就像我们花了一堆时间在规划婚礼，却从没打算结婚一样，我们所做的一切到头来都是一场空。还有些人更糟糕，老是误将短期的计划当作是目标规划。比方说，老在计划着假期要到什么地方去玩，但却不为生活做点实际的规划。对于这种人而言，生活只是由假期来做一个片段一个片段的切割，和做一天和尚撞一天钟没有什么区别。

所以，人生的快乐就隐藏在于一切日常生活之中，只要我们有了目标，内心的力量才会找到方向，毫无目标地生活，到头终究会成为一场空。

所以，在我们行动之前，请先想一想自己要的究竟是什么，自己到底想要干什么？事实上，我们过去或现在的情况并不重要，将来要获得什么成就才最重要。除非我们对未来有理想，否则做不出什么大事来。

在笔者单位有一个 22 岁的员工，因为对自己的工作不满意，他跑来对我说："杨老师，我感到我现在的工作并不满意，我对自己的生活目标是：找一个称心如意的工作，改善自己的生活处境。然后再回到学校去读书，然后出国旅游，可是，现在的工作，连自己的日常生活都满足不了，我还渴望什么呢？"

这位员工讲到这里，脸上露出无奈的表情，于是我问他："如果你现在对你的工作不满意，那么，你想从事什么样的工作呢？"

"我也不知道，所以我才向你请教。"这位员工讲到这里想了想说，"我想去从事销售，可是我没有信心，如果不去呢，又觉得做销售工作非常的赚钱。"

"那你认为你对做什么样的工作才适合呢？你认为做销售你就能适应吗？"我接着问，"我现在想明白，你生活的目标是什么，你最需要实现什么？"

"我……我……我也不知道，"这位员工回答说，"这么多年以来，我一直没有考虑过你刚才问的这些问题。"

"如果让你选择，你想做什么呢？你真正想做的是什么？"我对这个话题穷追不舍。

"我真的不知道，"这位员工困惑地说，"我真的不知道我究竟喜欢什么，我从没有仔细考虑这个问题，我想我确实应该对自己要重新认识了，我应该对自己的目标有所树立了。"

"那么，我给你提个建议吧，"我接着说，"我想你应该向公司领导申请给你换个工作岗位。但是，你不知道你想去哪个部门。你对去销售部还犹豫不决，去开发部还琢磨不定，你不知道你该干什么工作，你也对你将来的工作没有信心，那么，现在你就要去做两件事：第一：看清楚你要的是什么，而大多数人从来不知道要这么做。第二：要有必须为成功付出代价的决心，然后想办法付出这个代价。如果你能做到这两点，那么，你离成功也就不远了。"

我最后和这位员工一起进行了彻底的分析，并对这位员工的性格做了测试，我发现这个员工对自己所具备的才能并不了解。于是我对他说："你有成功的机遇，但却因为种种原因破灭了，许多成功者当年有奋斗也曾失败，他们一直感激那一天，是失败给他们打开了成功的大门。你长得不吸引人，但你却具有属于自己特长的地方，你要相信自己，相信你的能力，超过你的同事，超越你的理想，这些并非徒劳的信念。如果你想无所不能，那就具备无所不能的信心吧！"我对这位员工说完之后，我同时也深深地明白，对每一个人来说，前进的动力是不可缺少的，无论我们所从事的工作内容多么令人厌烦，只要他们设法全部按时完成。在工作中竭尽全力，不断给自己打气，我们就一定能获得成功——因为没有什么困难能挡住我们前进的脚步。

所以说，一个人若是没有明确的目标，就不会有取得成功的希望。只有当我们树立了目标，并计划着如何实现它的时候，才可以把一个具体的目标看作是一个可行的路线，不管我们在这条路线中将会遇到任何困难，我们都会去克服，因为此时在我们看来，任何摆在我们面前的困难都不是困难，我们不管遇到多少麻烦，都不会轻易放弃自己的目标，把阻挡在路上的绊脚石当作铺路石，继续向自己的目标迈进。

亨利·福特说："所谓的障碍，就是你把目光从目标移开时所见到的丑恶东西。"一个人找到目标，就好比是找到了开发自我潜能的工具，这是释放自我能量的关键，不论我们付出多少，只要能发挥自己的潜力，就让人体会到生命的意义和价值。如果个人没有目标，就只能在人生的旅途上徘徊，永远到不了终点。

那些成大事者，非常善于在行动之前，通过自己的思维和判断来找到一个适合自己能力发展的目标，因为在他们看来，找准目标就等于成功了一半。

实现目标也有先后顺序

没有目标的人注定不能成大事，但如果目标过大，我们应该学会把大目标分解成若干个具体的小目标，通过制定并实现年度目标、月目标、周目标，甚至日目标，这样就会提高我们的工作效率，使事业迈上一个新台阶。毕竟我们的奋斗目标是我们获得成功的路线图，它们会决定我们前进的方向，保证我们能够实现自己的目的。

1991 年，住在斯德哥尔摩的高兰·克鲁普产生了一个想法：靠自己的力量越过大陆到达尼泊尔，然后，在完全没有帮助的情况下，不带氧气瓶征服珠穆朗玛峰，最后用同样的方法返回家乡。

显然他的计划野心够大的，但这是有可能实现的。他首先对整段路做了切实的研究，然后着手筹集旅行所需的 20 万英镑的赞助。为锻炼心血管能力，他开始和瑞典越野滑雪队一起进行体能训练。

1995 年 10 月 16 日，他骑着一辆自制自行车出发了，因为这是一次完全没有后援的探险，他不得不随身带上全部装备，总重量高达 129 公斤。

4 个月零 6 天后他到达了加德满都，在那儿开始把装备运往基地的帐篷。他一次运 73 公斤，只能向前运 55 米，而且运一次要休息 10 分钟。

他第一次开始怀疑自己完成计划的能力。他说，那次搬运是他一生中唯一一次最可怕的体力考验。

第三次登顶成功了，下山后，他又骑上自行车，跋涉了 12000 公里回到了瑞典。

这时距他离家已经过了 1 年零 6 天。后来，当人们问起他成功的原因时，他是这么说的："每次运行前，我都要把我自己前进的线路仔细看一遍，并画下沿途比较醒目的标志，然后以此为运行目标，这样就可以画到跋涉的终点。在攀登山顶时，我用最快的速度奋力向山顶冲去，就这样，我征服了珠穆朗玛峰。这说明，我们每个人都有成功的潜力，也有成功的机会。只要我们有目标，我们就能以辉煌的成就度过人生。想想那些英雄，想想那些勇往直前的英灵吧。他们手中没有地图，就去寻找那些未知的土地，他们知道自己将发现一个新世界，在旅途中我们也得具备同样的信心和激情来激励自己。"

许多人做事之所以会半途而废，并不是因为困难大，而是因为他们不敢去做，他们害怕离开自己的安乐窝，他们不敢相信自己可以征服困难，他们不敢踏上征途，结果就这样白白浪费了生命。

所以说，我们应该掌握自己的人生使命，为了我们的追求，我们应该奋勇当先，使自己的生活能配合一个目标，从而实现成功。

从这件事可以看出，在思索人生的一切的时候，追溯其原点，不外乎是基于作为个体存在的人的梦想与目标，而这些梦想又构成了我们整个的人生。如果我们不能很好地认识自己和目标之间的差距，我们就无法取得进步，只有我们知道需要什么，我们才能有所成功。总之，我们在制定目标的时候一定要注意到：我们所制定的目标是属于我们自己的，只有我们知道自己需要什么。制定一个合适的目标，有利于主动提升自己，并在提升过程中客观地衡量、评估，这样才能获得成功，才能成为争气的人。

少数有卓越成就的都是了解自己追求什么，并且有完整计划的人。这些人很清楚自己要什么，而且要如何获取。他们为什么能够做到这一点呢？因为他们明白应该做出怎样的定位时，还必须有一个合理的发展目标。

认清目标，你才能走出拖延的泥淖

有人曾经说过："即使是最弱小的生命，一旦把全部精力集中到某一具体的目标上，也会有所成就，而最强大的生命如果把精力分散开来，最后也将一无所成。水珠不断地滴下来，可以把最坚固的岩石滴穿；湍急的河流一路滔滔地流淌过去，身后却没有什么痕迹。

你有目的或目标吗？争气的人一定要有个目标，而且重要的他们有着非常明确的目标。争气的人认为如果没有明确的目的地，就永远无法到达成功的彼岸。假如一个人没有目标，就像一艘轮船没有舵一样，只能随波逐流，无法掌握，最终搁浅在绝望、失败、消沉的海滩上。争气的人确实地、精细地、明确地树立起目标，然后爆发出体内所潜藏的巨大能力。

法国著名的自然学家费伯勒，用一些被称作"宗教游行毛虫"的小动物做了一次不同寻常的实验。这些毛虫喜欢盲目地追随着前边的一个，所以得了这么个名字。费伯勒很仔细地将它们在一个花盆外的框架上排成一圈，这样，领头的毛虫实际上就碰到了最后一只毛虫，完全形成了一个圆圈。在花盆中间，他放上松蜡，这是这种毛虫爱吃的食物。这些毛虫开始围绕着花盆转圈。它们转了一圈又一圈，一小时又一小时，一天又一天，一晚又一晚。它们围绕着花盆转了整整七天七夜。最后，它们全都因饥饿劳累而死。一大堆食物就在离它们不到 6 英寸远的地方，它们却一个个地饿死了。原因无它，只是因为它们按照以往习惯的方式去盲目地行动。

许多人都犯了同样的错误，对生活提供的巨大的财富，只能收获到一点点。尽管未知的财富就近在眼前，他们却得之甚少，因为他们认清自己目标到底是什么，只能盲目地、毫不怀疑地跟着圆圈里的人群无目的地走着。

起跳未来要站在目标铸造的强跳板上。对于目标，争气的人做的是，不心存幻想，在别人为目标摇旗呐喊，大声鼓噪之时，不可随波逐流地随声附和，而是用一块块能独立自己的小石头，累积成成功的基石，站在生活的弹跳板上，向自己的目标一步步地逼近。下面讲的是就是一个争气的人的故事，不妨让我们一起来看一下他是怎么认清自己的目标的。

主人公是成长在旧金山贫民窟的小男孩，小时因为营养不良而患上了软骨病，6岁时，双腿因病变成弓字形，是小腿进一步萎缩。但是他从小就有一个梦想，就是将来成为一个最最伟大的美式橄榄球的全能球员，这就是他所谓的"目标"。他是传奇人物吉姆·布朗的球迷，每逢吉姆所属的客利福布朗士队和旧金山四九人队在旧金山举行比赛时，小男孩都不介意双腿的不便，一拐一拐地走到球场去为吉姆加油。

他太穷了，根本买不起门票，只好等到比赛快要结束时，乘工作人员推开大门之际混进去，观赏最后几分钟。在他13岁时，他在布朗士队与四九人队比赛之后，终于在一家冰激凌店与心中的偶像碰面，这是他多年的愿望。他勇敢地走到布朗面前，大声说："布朗先生，我是你的忠实球迷！"吉姆·布朗说："谢谢你！"小男孩又说："布朗先生，你想知道一件事吗？"布朗转身问："小朋友，请问何事？"小男孩骄傲地说："我记下了你的每一项记录，每一次运动。"吉姆·布朗快乐地微笑着说："真不错。"小男孩挺直了胸膛，双眼放光，自信地说："布朗先生，终有一天我会打破你的每一项纪录。"听完此话，吉姆·布朗微笑地对他说："孩子，你叫什么名字，真大好大的口气！"小男孩十分得意地笑着说："先生，我叫澳仑索，澳仑索·辛普生。"澳仑索·辛普生在以后正如他少年时所讲，他打破了吉姆·布朗一切的纪录，同时又创下了一些新的纪录。

人生需要存志高远。一种明确性的方向感总让人有满足和兴奋的快感，但要想把事情做好，把目标实现，还得要从小事上做起，所有的重大成就都是小成就累积而成的。为了实现大目标，就必须设定目标的习惯。如果应用逆向思维来思考问题，就可以发现事业上没有成功的人，有几种因素在制约着他们的发展。他们没有具体的人生发展目标，即使是有目标，也缺乏迈向成功的方法，即便是有了目标和方法，在实施过程又缺乏做好小目标的好习惯。设定目标的习惯，跟一个巅峰的成功有密切的关系。

成功者一旦认清自己的目标，就要一心一意地从小目标上做起，摈弃那些大大小小的坏习惯，一点一滴地从小事情上开始，追求在自己领域里的卓越成就。

如果你全身心地追求某一目标，很少有不成功的。这样之所以能成功，就在于能够坚定不移地认准某个目标，从小事上做起，并为之全力以赴，矢志不移。

我们的人生不能没有目标，没有目标的人生就像没头的苍蝇。给自己树立目标，竭尽全力向着目标前进，成功人士之所以能成功，是因为他们能够做到这一点，一个人的目标越大，取得的成绩往往就越大。给自己树立一个大目标后，还要树立一些小目标，当小目标一个个达到后，大目标就会达到。任何人都想不断地提升自己，从而达到更高的成功程度。要想把模糊的梦想转化成成功的事实，最好的方法之一就是跟着认清自己的目标，跟着自己的目标前行，这种习惯至关重要。

找准自己的人生定位

生命的价值不在于它的长短，而在于是否能摆正自己的位置，实现自我价值。

那些想要成功的人一生都在追求一种价值。他们想要知道什么是珍贵，什么是微不足道。可是，有些人却没有考虑过，自身的价值何在？热门话题，流行时尚，理想职业，最新潮流……在社会的喧嚣中，在别人的影响下，有些人迷失了自我，看不清自己真正的价值，总是按照别人的看法设计，可是，你应该牢记：要做一个不拖延的人，就应该将自己的人生自己把握，不能让自己"生活在别处"。

一般人总是相信，当他们投身于时下最为热门的行业，就俨然处于社会光环的中心，就会得到权力、地位和财富，实现自我的价值。不过，等他们花尽毕生的力气追求之后，他们才恍然大悟，原来自己真正应该做的事情没有做，自己所追求的很多热门根本不适合自己，或者根本就没有意义，只是炫目的泡沫。

在美国的一个小酒吧里，一位年轻小伙子正在用心地弹奏钢琴。说实话，他弹得相当不错，每天晚上都有不少人慕名而来，认真倾听他的弹奏。一天晚上，一位中年顾客听了几首曲子后，对那个小伙子说："我每天来听你弹奏都是这些曲子，你不如唱首歌给我们听吧。"这位顾客的提议获得了不少人的赞同，大家纷纷要求小伙子唱歌。

然而，那个小伙子面对大家的请求却变得腼腆起来，他抱歉地对大家说："非常对不起，我从小就开始学习弹奏乐器，从来没有学习过唱歌。我长年累月地坐在这里弹琴，恐怕会唱得很难听。"那位中年顾客却鼓励他说："小伙子，正因为你从来没有唱过歌，或许连你自己都不知道你是个歌唱天才呢！"此时酒吧的经理也出来鼓励他，免得他扫了大家的兴。

小伙子认为大家想看他出丑，于是坚持说只会弹琴，不会唱歌。酒吧老板说："你要么选择唱歌，要么另谋出路。"小伙子被逼无奈，只好红着脸唱了一曲《蒙娜丽莎》。哪知道他不唱则已，一唱惊人，大家都被他那流畅自然、男人味十足的唱腔迷住了。在大家的鼓励下，那个小伙子放弃了弹奏乐器的艺人生涯，开始向流行歌坛进军。这个小伙子后来居然成了美国著名的爵士歌王，他就是著名的歌手纳京高。要不是那被逼无奈地开口一唱，纳京高可能永远坐在酒吧里做一个三流的演奏者。

"人摆错了位置就永远是庸才。"其实很多时候是自己把自己当成了垃圾随地乱扔，荒废了自己的才能。身处市场经济的时代，市场经济的运作十分强调把资源配置到最能发挥效率的地方，应该认识到，人自身也是一种资源，应该寻找最适合自己的岗位，并对自己的兴趣保持一份坚定与执着。

的确，如果你自己都不把自己当回事，就别指望别人的器重。争气的人把生命的价值首先取决于自己的态度。珍惜独一无二的自己，珍惜这短暂的几十年光阴，然后再去不断拓展自己，这样争气的人的价值就会很自然的体现出来了。

印象派大师梵·高的画，许多人看过后都留下深刻的印象，他那黄色炽热的色彩和充满动感的线条，给予我们强烈的感受。梵·高的一生有着坎坷的境遇，他从 26 岁才正式开始学画，他在给弟弟的信中说，我学习绘画很晚，而且我的生命很可能也只剩下十年的时间了，因此要加紧创作。果然，他在 36 岁就过世了，但是仅仅十

年间却留给我们许多不朽的作品。在艺术上的成就，他开创了一个
新的时代。

　　不拖延的人都会明确地给自己一个定位，他们从不怕别人的鄙
夷，而是怕自己找不到自己的方向。谁说你不能取得非凡的成就？
除非你自己！没有人能够给你的人生下任何的定义。无数成功者的
例子告诉我们，你选择怎样的人生平台，将决定你拥有怎样的人生。
一个人，要获得更大的发展，就要不断地为自己寻找更大、更高的
平台。好的思路决定好的出路，要敢于给自己的人生一个高起点的
定位。

尽早给自己一个人生规划

我们都知道，国家常常要制定"五年计划""十年规划"等不同阶段的发展计划，来促进国家的发展，同样的道理，对于争气的人来说，不断制订、调整有利于个人发展的人生计划也是十分必要的。

所谓的"人生规划"，就是把未来想做什么、如何做，在多少岁时做些什么事情做成计划，然后按照这些计划去努力，可以把它分为"事业规划"和"生活规划"两部分。比如说，事业规划可以包括：想从事什么样的行业，希望自己多少岁前做到什么样的程度等；生活规划可以包括：几岁结婚、生子，自己要培养哪方面的兴趣、特长，是否再进修等诸多项目。方向定了，就朝着这个方向前进，并充实必要的条件。

人生规划，能够让人找到一生的指针和目标，。有时候，人也会遇到一些无法料想的事情，所以我们的规划还必须适应主客观的情势，适当灵活地做出某种调整，避免全盘推翻，因为这会浪费过去的努力，也能适应现实的发展。

最重要的一点是人有了规划，就会彻底执行，并且有面对问题和挑战的勇气。不会因循苟且，使规划绝大打折扣，直到实现为止。

很多不拖延的人不会认为未来是个未知数，虽然一切随缘这种说法也有道理，不过"随缘"说起来容易，但是真的要达到这种境界却很难，因此面对不可知的未来，他们做到的是能坦然面对。这就像在森林中迷路一样，不知走向哪里才好，因此他们在事前就做好了人生规划。虽然有时规划会因条件的变化而有所变化，但总比茫然不知何去何从，心里来得踏实。

规划人生能够帮助你把握前进的航向，找准自己的定位，实现人生的目标。在规划的过程中，你还可以更充分认识到自己的优势和不足，并自觉加以调整，争取达到生命的最佳状态。

心理学家们认为："一个人的一生，总有大大小小的期望。期望是一个人的精神支柱。如果一个人没有了任何追求，他就很难愉快地生活下去。"这话绝对是真理。我们可以仔细地想一下争气的人，争气的人每天是不是都有自己的追求，有着新的想法？是的，争气的人的一生充满了各种不同的追求，小到完成一篇文章、攒钱买一台电脑、拿下自学考试文凭，大到成立自己的公司等等，一个目标实现了，新的目标又出来了。如此循环往复，终其一生。

对我们来说，在设立自己的目标时，一般可分短期目标、中期目标和长期目标。可以根据在工作的不同阶段，通过对形势发展进行的分析，确定下一步的目标。将计划进程的详细步骤列出来，可帮助自己有效地对付工作或环境等条件变化可能带来的不利影响。同自己的同事、朋友、上司和家人共同探讨、努力，争取实现每一阶段的目标，或者改进计划，使之更加切实可行。订立了目标之后，不管目标是什么，都必须有务必实现的决心，才能称之为"目标"，如果目标只是停留在纸上，那就失去了它应有的意义。所以，我们要像争气的人学习，我们在订立了明确的目标之后，就要尽快地达成，这是最重要的先决条件。

当然，规划未来并不能保证将来摆在面前的一切困难和问题都得到解决或变得容易，也没有可以套用的现成公式。但是它有利于你及早发现和较好解决新难题，比如你是否需要通过培训来增加某方面的知识，是否考虑调换一下工作岗位或职业等问题。

规划未来有助于提高你解决问题和调整心理的能力。当你想成就一项事业时，它会告诉你在每一步该干些什么、怎么干，有哪些问题需要注意。虽然规划无法预见将来将发展到什么程度，也不能预见我们每一个人的命运，但是，按照对未来的规划有条不紊地循序渐进是最重要的，它会让我们有条不紊，少走弯路。只有这样，你才能达到在工作中不断发展自己的目的，才能让自己的人生理想不至于变成梦幻的气泡。

如何规划未来需要注意的问题很多，如果将目标定得太低，就无法充分发挥个人的潜力；目标定得太高，就无法实现。在规划未来时，我们必须衡量自己的能力，适当的高于自己能力可做到的程度，那才是好目标。

远大的目标总是与远大的理想紧密结合在一起，那些改变了历史面貌的争气的人们，无一不是确立了远大的目标，这样的目标激励着他们时刻都在为理想而奋斗，因此他们成了名垂千古的伟人。

争气的人的人生就是一部作品，他们有生活理想和实现它们的计划，所以就有好的情节和结尾，这也是成功者人生精彩夺目和引人注目的关键所在。

让自己来决定结果

有人说："人生的意义在于结果，而不在于过程"；又有人说："人生的意义在于过程而不在于结果"。

先不说人生意义究竟是什么，但可以肯定地说，人生是由过程和结果这两部分组成的。凡事都有一个因果关系，那么可以说人生的过程是事物的"因"，而最终的生命状态则是"果"。

生命的大部分时间是由自己主宰的，世界上没有任何人可以代替你演绎你的人生。所以，自己有什么"因"，到头来就有什么样的"果"。以后你将成为一个什么样的人都是由现在的自己决定的。

大千世界，人生百态，每个人都有一个唯一的存在结果，而这种结果的开始是由各自不同的人生追求开始的。就是所谓的人生目标。那些凡是能取得非凡成就的人，刚开始时就有一个明确的人生目标；而那些平庸者却是终日浑浑噩噩，其原因就是缺乏明确的人生目标。所以，目标对人生的结果是何等的重要。

宾尼曾经说过："一个心中有目标的职员，会成为创造世界的人；而一个心中没有目标的职员，只能是一个平凡的职员。"最后是成为创造世界的人还是要成为平凡的职员，是由自己心中是否有目标决定的，而心中是否有目标是由自己决定的。所以说，人生的结果是由自己决定的。

有这样一则寓言：唐太宗贞观年间，长安城西一家磨坊里有一匹马和一头驴子，它们是好朋友，马在外面拉东西，驴子在屋里推磨。贞观三年，这匹马被玄奘大师选中出发经西域前往印度取经。

17年后这匹马驮着佛经回到长安，它到磨坊会见驴子朋友。老马谈起这次旅途的经历：浩瀚无边的沙漠，高入云霄的山岭，凌峰的冰雪，热海的波澜……那些神话般的境界使驴子听了极为惊异。驴子叹道："你有多么丰富的见闻啊！那么遥远的道路，我连想都不敢想。"

老马说："其实，我们跨过的距离大体相等。当我向西域前行的时候你一步也没停止，不同的是我同玄奘大师有一个遥远的目标，按照始终如一的方向前进，所以我们打开一个广阔的世界。而你被蒙住眼睛，一生围着磨盘打转，所以永远走不出这个狭隘的天地。"

开始马和驴都是生活在磨坊中的，马之所以有丰富的见识，是因为心中始终有一个坚定的目标，而驴子正因为浑浑噩噩地每日做着单调的事情，就是心中缺少了一个目标。而造成这样的结果还是自己的内心世界造成的。

有了坚定的目标后，是否愿意将目标付诸行动也是由自身决定的，而这一点也恰恰决定了一个人将来的生存状况。

在现实生活中，能坚信自己目标的人真是少之又少，大多数人不是将自己的目标舍弃，就是沦为一处缺乏行动的空想。这样只会在自己窄小的世界沉沦。

一次作文课上，题目是长大后的志愿。有一个小男孩画了一座属于自己的牧马农场，上面标有马厩、跑道等的位置，然后在这一大片农场中央，还要建造一栋占地四十平方英尺的巨宅。

他花了好大心血把报告完成。两天后他拿回了，第一面上打了一个又红又大的，他下课后带了报告去找老师："为什么给我不及格？"

老师回答道："你不要做白日梦！你没钱，没有家庭背景，你有什么资本写出这些？"他接着说："如果你肯重写一个比较不离谱的志愿，我会重打你的分数。"

男孩回家后征求父亲的意见。父亲告诉他："儿子，这是非常重要的决定，你必须自己拿主意。"再三考虑几天后，他决定原稿交回。

二十多年后，这位老师领他的三十个学生来到那个曾被他指责的男孩的农场露营一星期。离开之前，他对如今已是农场主的男孩说："这些年来，我对不少学生说过相同的话。幸亏你有这个毅力坚持自己的目标。"

每个人在世上都只有活一次的机会，没有任何人能够代替自己重新活一次。这唯一的一次是由自己决定的，只有自己可以主宰自己的命运，认识到这一点，自己对自己的人生怎么能不产生强烈的责任感呢?

在某种意义上，人世间各种其他的责任都是可以分担或转让的，唯有对自己的人生责任，每个人都只能完全由自己来承担，一丝一毫也依靠不了别人，也只有自己能够拯救自己。所有一切行为，都是由自己定的。

人生如朝露。我们都是或早或晚地来到这个世界，经过匆匆的旅程之后，都要走到相同的地方去，而这段旅程就是人生的全部，从这一点上说，人都是平等的。这种说法并不是消极地看待人生，而且只有弄明白了这一点，才能够更好地对待自己的人生、珍爱自己的生命。每一个人活得都不简单，无论地位是卑微还是高贵，都是由自己决定的。

换句话说也就是对自己的人生负责。你将演绎什么样的人生是由自己决定的。

对自己的人生的责任心是其余一切责任心的根源。一个人唯有对自己的人生负责，建立了真正属于自己的人生目标和生活信念，他才可能由此出发，获得成功。所以，一个人心中一定要充满对成功的渴求，对自己负责。

人们常常从事业的角度，去断定一个人是否重要。

但是，没有人知道，为自己的人生生活着是神圣的，为希望生活着是美丽的，不管是谁，只要是在时刻努力着，就是有价值、有意义的人生。波涛汹涌的不只是长江黄河，大人物有自己的内心世界，小人物也有自己的思想情感。

人生的意义和价值，并不只停留在别人的眼里和某些放射光环的字眼上，在一定程度上更取决于我们自己对于生命的体验和感觉，也许只有真正彻悟了这一点，我们才能够活得轻轻松松、从从容容，好好地把握自己的人生，让它有一个更好的结果。

为了目标，前进！

有人说，人的一生有三天：昨天、今天和明天。是的，人的一生并不漫长，是否过得充实、有意义，都掌握在我们的一念之间。而在这短短几十年的光景中，每个人都应该有自己的目标，关于人生、事业、学业等等。树立了地目标才能让自己精神百倍地去努力，因为梦想在前方招手，我们要不顾一切地跑上去。

目标，或许是成功之路的第一步，也是最重要的一个交点。有了目标，才有了努力的"路径"；有了"路径"，才能去顽强地拼搏；有了拼搏才会有结果。这就是目标"凝聚"成奋斗的最主要的原因。我们应当尽自己的所能去选择目标，制定计划，从容地去面对目标，这样才能有所进步。

《塔木德》上说："一位百发百中的神箭手，如果他漫无目标地乱射，也不能射中一只野兔。"成功的犹太人非常重视明确奋斗目标的重要性。

每天都给自己树立目标，然后每天都要按这个进度去完成，分分秒秒都是充实而多彩的。犹太人要求孩子在很小的时候就树立自己的人生目标，并坚定要为这个目标不断地努力学习，锻炼和提高自己的能力。

休·海夫纳出生在一个犹太家庭。他的父亲格连当时在美国芝加哥一家铝制品公司当会计，家庭收入不多，生活较为清贫。海夫纳读完中学后就不再读书了，当时正是第二次世界大战激烈之时，他应征参军了。

1949年海夫纳，在芝加哥一家漫画公司谋得一职，每周工资45

美元。由于收入微薄，他仍住在父母家里，甚至结婚后一段时间也如此。早已确立了奋斗目标的海夫纳在漫画公司工作了几个月后，经过四处寻访，终于找到一家叫《老爷》的杂志聘用他，每周工资60美元。

海夫纳到该公司工作目的是"醉翁之意不在酒"，每周多15美元对他的生活无济于事，他志在向该公司学习经营手法并熟悉市场。因为《老爷》杂志是美国早年最畅销的书，读者主要是男性，以女性裸照为主要内容。海夫纳从读大学时，就一直是该杂志的读者，他早就希望有朝一日进入该杂志社工作。

1951年，海夫纳已对《老爷》杂志的运作了如指掌，他要求增加工资却被老板拒绝，于是决定离开该杂志社自己创业。他决心办一种类似《老爷》的杂志，要与《老爷》争个高低。尽管有凌云壮志，无奈却毫无资本，这使他苦不堪言。加上妻子生下一女，生活负担又加重了，他创业的设想搁置起来了。为了生活，他不得不又到一家儿童杂志社做发行工作，此时的周薪为100美元，生活稍为得到些许改善。但他却没有放弃自己的打算，他一面工作，一面策划自己的刊物。

海夫纳从父亲那里借得几百美元，另外从银行贷得400美元，凑起来刚好1000美元，他决心以这点钱作为自己创办杂志的本钱，办一本名叫《每月女郎》的月刊。由于他吸取了《老爷》的经营之道，加上自己的改进，第一期发行即打响，共销售5万多本，获得了空前的成功。15个月后，每期销量直线上升，达到30万份，海夫纳开始发迹了。

当海夫纳正要出版第二期的《每月女郎》时，他突然接到《老爷》杂志律师的信，警告他的杂志鱼目混珠，扬言如不将《每月女郎》改名，则要起诉他。海夫纳反复思考后，认为"小不忍则乱大谋"，刊名无所谓，关键是内容吸引读者。于是他低头从命，把其杂志改名为《花花公子》。结果，改名后的杂志更畅销。

休·海夫纳向着自己的目标毅然决然地进发，凭借自己的努力和细心朝着目标前行最终获得了成功。选择一个适合自己的人生目标，然后便要不断地努力学习，坚定不移地朝着让自己向这个目标前进。

事实上，这也是犹太人的一种普遍的特性，即从青少年开始，他们就树立人生的奋斗目标，以后千方百计为达到目标而努力。

在人生中，一定要明确适合自己的明确目标，要为了实现这个目标不懈努力；遇到挫折的时候，要善于变通和克服困难。

第五章
坚持下去，你才能真正戒掉拖延

　　人生贵在坚持，戒除拖延症也需要坚持。有句俗话说得好，做好一件事很简单，但十年如一日地去坚持做好每件事却很难。一个人想要成功，就必须要坚持下去，在任何困境面前都不应当放弃或者逃避，也唯有如此，你才能真正戒掉拖延症。

坚持下去，船到桥头自然直

当我们订定一项计划时，贵在坚持到底；见异思迁、朝秦暮楚，只能让你走向失败。

在我们建立一项工作目标，或是制订下一份年度计划时是不难，但在执行的过程中，必然会不断受到阻力或遭受打击，这时我们应该怎么办呢？是坚持还是就此放弃呢？答案只有一个，只有坚持，因为只有坚持才不会半途而废，才有可能成功。

生活中，我们会发现有不少人在订计划之初，都是信誓旦旦，抱着"不达目标绝不终止"的念头，但是在其过程中，一旦遇到一点儿困难，便不再愿意前行，当初坚定不移的志向，早已抛至脑后，已经开始选择逃避了。还有的会修改计划，这还算行得通。还有的人，发觉目标有点远，还没施行，就打退堂鼓。而这种抱持着"不成功便放弃"观念的人，由于缺乏恒心，始终都不会成功。不成功的道理的只有一个那就是坚持到底。

不可否认，在不断拼搏的道路上，每个人难免都会遭遇困境。在漫长的困境中，也往往会产生恐慌和绝望，这时很多人往往失去坚持下去的勇气。而有的人面对困境却主张再坚持一下。成功者与失败才往往差别就在这方面，坚持你就成功，放弃你就失败，就是这么简单。可以说逆境是成长中所必须经历的，犹如一年四季中少不了寒冬和酷暑，因为不经过漫漫寒冬和酷暑，万物就很难迎来生命的春华和秋实。困境是人生必不可少的经历。缩短它，等于一年中少了寒冬和酷暑。困境更是检验一个人耐力的试金石，困境更能铸就人的才能，更能使人看到事物的本质。争气的人正是由于敢于驾驭困境，才被称为是坚强的人。而急于解脱或妥协、投降是弱者的表现，他们收获的只能是青涩的果实，面对的只是失败。他们永远不会成功，即使成功也是暂时的，不会长久。

在一片茫茫的大戈壁滩上，有两个探险者被困在了那里，因长时间缺水，他们的嘴唇裂开了一道道的血口，如果再这样走下去，面对他们两个的只有死！这时，年长一些的探险者从同伴手中拿过空水壶，郑重地说："我去找水，你在这里等着我吧！"接着，他又从行囊中拿出一只手枪递给同伴说："这里有6颗子弹，每隔一个时辰你就放一枪，这样当我找到水后就不会迷失方向，就可以循着枪声找到你。一定要记住啊！"

看着同伴点了点头，他才信心十足地蹒跚离去……

等待的时间漫长而难熬，这时枪膛里仅仅剩下最后一颗子弹，可找水的同伴还没有回来。"他一定被风沙湮没了或者找到水后撇下我一个人走了。"年纪小一些的探险者数着分秒，焦灼地等待着。饥渴和恐惧伴随着绝望如潮水般地充盈了他的脑海，他仿佛嗅到了死亡的味道，感到死神正面目狰狞地向他紧逼过来……他扣动扳机，将最后一粒子弹射进了自己的脑袋，就这样结束了自己的短暂生命。

就在他的尸体轰然倒下的时候，同伴带着满满的两大壶水赶到了他的身边……

坚持下去就是胜利，正因为放弃了坚持，这个年纪小的探险者也同时放弃了自己宝贵的生命。如果再支持一秒，那么他就有救了，这个小故事中，我们不难发现：要生存下去，就要坚持，这是唯一的出路。

"行百里者，半于九十。"长路跋涉的最后几步往往是最为艰难，是人最不能妨忍受的。恶劣条件下，我们必须有撑下去的信心。因为转机往往就在最后的坚持中才会出现。就跟一个人爬山一样，越是接近顶峰，就越要坚持，不放弃你就永远不会看到山底下的美丽风景，就体会不到鸟瞰世界的成就感。同样在百步冲刺中，最后的几步也同样需要我们再一次坚持下去，这个时候，往往是最困难的，此时我们更为自己增加信心。在快到目标线时，我们坚持下去，以前努力才不会白费。所以遇到一切事情，尤其是在遇到困境时我们都必须有坚持、坚持、再坚持的勇气和耐力。逆境使人难堪，让人感到难以忍受。但只要坚持只要勇于挑战，你就会感谢逆境。

坚持，是世界上最容易做的事，同时又是最难做的事。说它容易，是因为只要你愿意去做，人人都能做到。说它难，是因为在这个过程中总会出现一些使你信心和毅力动摇的事情这个过程需要极大甚至你无法想象的勇气才能坚持下去，因此能够坚持到底的人终究是少数。想象我们有过多少次只因没有坚持到底而失败的事吧！想想有多少人就因为比我们多坚持了一分钟而取得了成功的事例吧，所以坚持并不是容易的，关键是看你是不是真的有这种耐心，有这种毅力，是不是不管遇到多大的困难，多强的阻碍，都能够坚持下来。李阳说过："一个人如果失败了并不会完蛋，只有放弃了才会完蛋。"所以要成功我们只有坚持，只有坚持到最后。

人生道路上，没有跨不过的通天河，没有过不去的火焰山，也没有熬不过的坎坷人生。生活中总会有困境，但它不会永远都是困境，只要我们充满信心，坚持下去，一切艰难困苦都在我们面前退缩。"前途是光明的，道路是曲折的"，这是社会发展必然规律。

放弃是拖延症的最大恶果

不管做什么事，只要放弃了，就没有成功的机会。不放弃就会一直拥有成功的希望。如果你有99%想要成功的欲望，却有1%想要放弃的念头，那么是没有办法成功的。

青年农民达比卖掉自己的全部家产，来到科罗拉多州追寻黄金梦。他围了一块地，用十字镐和铁锹进行挖掘。经过几十天的辛勤工作，达比终于看到了闪闪发光的金矿石。继续开采必须有机器，他只好悄悄地把金矿掩埋好，暗中回家凑钱买机器。

当他费尽千辛万苦弄来了机器，继续进行挖掘时，不久就遇到了一堆普通的石头，达比认为：金矿枯竭了，原来所做的一切将一钱不值。他难以维持每天的开支，更承受不住越来越重的精神压力，只好把机器当废铁卖给了收废品的人，"卷着铺盖"回了家。

收废品的人请来一位矿业工程师对现场进行勘察，得出的结论是：目前遇到的是"假矿"。如果再挖三尺，就可能遇到金矿。收废品的人按照工程师的指点，在达比的基础上不断地往下挖。正如工程师所言，他遇到了丰富的金矿，获得了数百万美元的利润。

达比从报纸上知道这个消息，气得顿足捶胸，追悔莫及。

也许，你离成功只有一步之遥，只要你再坚持一下，你就可以扣起成功的大门，但如果此时停住前进的脚步，就意味着你与成功失之交臂了。

日本的名人市村清池，在青年时代担任富国人寿熊本分公司的推销员，每天到处奔波拜访，可是连一张合约都没签成，因为保险在当时是很不受欢迎的一种行业。

在 68 天之间，他没有领到薪水，只有少数的车马费，就算他想节约一点儿过日子，仍连最基本的生活费都没有。到了最后，已经心灰意冷的市村清池就同太太商量准备连夜赶回东京，不再继续拉保险了。此时他的妻子却含泪对他说："一个星期，只要再努力一个星期看看，如果真不行的话……"

第二天，他又重新鼓起勇气到某位校长家拜访，这次终于成功了。后来他曾描述当时的情形说："我在按铃的时候之所以提不起勇气的原因是，已经来过七八次了，对方觉得很不耐烦，这次再打扰人家一定没有好脸色看。哪知道对方这个时候已准备投保了，可以说只差一张契约还没签而已。假如在那一刻我就这样过门不入，我想那张契约也就签不到了。"

在签了那张契约之后，又有不少契约接踵而来，而且投保的人也和以前完全不相同，都是主动表示愿意投保。许多人的自愿投保给他带来无比的勇气。在一个月内他的业绩就一跃而成为富国人寿的佼佼者。

在历史的长河中，也有很多为理想为事业奋斗的人，他们往往在离成功还有一步之遥却停止了脚步，面对失败与困难，他们气馁了、放弃了，功亏一篑，功败垂成，这是多么令人痛心与惋惜呀。山重水复疑无路，但是这位可敬的少年，他却仍是坚定执着地往下继续走，终于迎来了柳暗花明又一村。

其实在我们的历史中，像这样的人还真不少，他们都在艰难困苦中坚持自己的理想，不到成功，不言放弃。美国大将军克林顿与法英联军交战，屡战屡攻，一次落荒逃到农舍里，恰巧看到了蜘蛛织网屡破屡织的经过，他大受启发，后来终于打败了劲敌。爱迪生发明电灯的时候，曾经实验过上千种灯丝材料，最后才找到了钨丝而成功。试想要经历这成百上千的失败，又要多么坚忍执着的精神意志啊。

　　成功本身并不难，难的是成功之前面对失败的精神品质。人生是一场搏斗。敢于搏斗的人，才可能是命运的主人。在山穷水尽的绝境里，再搏一下，也许就能看到柳暗花明。在冰天雪地的严寒中，再搏一下，一定会迎来温暖的春风。

逆境中学会耐心等待

在逆境之中，学会耐心地等待时机是非常重要的。

战国时，安陵君是楚王的宠臣。有一天，江乙对安陵君说："您没有一点土地，宫中又没有骨肉至亲，然而身居高位，接受优厚的俸禄，国人见了您无不整衣下拜，无人不愿接受您的指令为您效劳，这是为什么呢？"

安陵君说："这不过是大王过高地抬举我罢了。不然哪能这样！"

江乙便指出："用钱财相交的朋友，钱财一旦用尽，交情也就断绝；靠美色交结的朋友，色衰则情移。因此狐媚的女子不等卧席磨破，就遭遗弃；得宠的臣子不等车子坐坏，已被驱逐。如今您掌握楚国大权，却没有办法和大王深交，我暗自替您着急，觉得您处于危险之中。"

安陵君一听，恍如大梦初醒，方知自己其实正处于一个非常危险的境地。他恭恭敬敬地拜请江乙："既然这样，请先生指点迷津。"

"希望您一定要找个机会对大王说，愿随大王一起死，以身为大王殉葬。如果您这样说了，必能长久地保住权位。"

安陵君说："我谨依先生之见。"

但是又过了三年，安陵君依然没对楚王提起这句话。江乙为此又去见安陵君：

"我对您说的那些话，至今您也不去说，既然您不用我的计谋，我就不敢再见您的面了。"

言罢就要告辞。安陵君急忙挽留，说：

"我怎敢忘却先生教诲，只是一时还没有合适的机会。"

又过了几个月，时机终于来临了。这时候楚王到云梦去打猎，1000多辆奔驰的马车连接不断，旌旗蔽日，野火如霞，声威十分壮观。

这时一条狂怒的野牛顺着车轮的轨迹跑过来，楚王拉弓射箭，一箭正中牛头，把野牛射死。百官和护卫欢声雷动，齐声称赞。楚王抽出带牦牛尾的旗帜，用旗杆按住牛头，仰天大笑道：

"痛快啊！今天的游猎，寡人何等快活！待我万岁千秋以后，你们谁能和我共有今天的快乐呢？"

这时安陵君泪流满面地上前来说："我进宫后就与大王同席共座，到外面我就陪伴大王乘车。如果大王万岁千秋之后，我希望随大王奔赴黄泉，变做褥草为大王阻挡蝼蚁，哪有比这种快乐更宽慰的事情呢？"

楚王闻听此言，深受感动，正式设坛封他为安陵君，安陵君自此更得楚王宠信。

后来人们听到这事都说："江乙可说是善于谋划，安陵君可说是善于等待时机。"

等待时机的来临需要充分的耐心。这个过程也是积极准备、待条件成熟的过程，等待时机决不等于坐视不动。《淮南子·道应》云："事者应变而动，变生于时，故知时者无常行。"

尽管江乙眼光锐利，料事如神，毕竟事情的发展不会像人们设想的那样顺利和平静，而安陵君过人之处在于他有充分的耐心，等候楚王欣喜而又伤感的那个时刻，这时安陵君的表白，无疑是雪中送炭，温暖君心，因此也改变了险境，保住了长久的宠臣地位和荣华富贵。

很多时候，解决逆境的残酷，只要你耐心等待一会。有一个流传在日本的故事，说的是一个叫阿呆和一个叫阿土的人，他们都是老实巴交的渔民，却都梦想着成为大富翁。有一天晚上，阿呆做了一个奇怪的梦，梦见在对面的岛上有一座寺，寺里种着49棵株模，其中的一棵开着鲜艳的红花，花下埋藏着一坛闪闪的黄金。阿呆便满心欢喜地驾船去了对岸的小岛。岛上果然有座寺，并种有49棵株模。此时已是秋天，阿呆便住了下来，等候春天的花开。肃杀的隆冬一过，株模花——盛放了，但清一色的淡黄。阿呆没有找到开红花的一株。寺里的僧人也告诉他从未见过哪棵株模开红花。阿呆便垂头丧气地驾船回到村庄。

后来，阿土知道了这件事。他也驾船去了那个岛，也找到了那座寺，又是秋天了，阿土没有回去，他住下来等待第二年的春天，株模花凌空怒放，寺里一片灿烂。奇迹就在这时发生了：果然有一棵株模盛开出美丽绝伦的红花。阿土成了村庄最富有的人。

这个奇异的传说，已在日本流传了近千年。今天的我们为阿呆感到遗憾：他与富翁的梦想只隔一个冬天。他忘记了把梦带入第二个灿烂花开的春天，而那些足可令他一世激动的红花就在第二个春天盛开了！阿土无疑是个执着的人：他相信梦想，并且等待另一个春天！

其实等待既是一种痛苦，也是一种享受。没有痛苦的等待，是没有意义的；只有在痛苦中等待了所要等待的东西，这种等待就升华为一种享受。比如，一个你期待已久的人，终于来到了你的身边，那是多么快乐呀！

坚持下去，阳光总会出现

对一个人来说，要想在自己的事业上获得成功，也许肉体上的折磨算不了什么，只有精神上的折磨可能才是最致命的。如果你有心开创自己的事业，你就一定要先在心里问一问自己，面对从肉体到精神上的折磨，你有没有那样一种宠辱不惊的"定力"与"精神力"。如果没有，那么一定要小心。

许多人尤其是刚刚参加工作的青年，往往会对自己选择的工作不满意，常常抱怨公司或单位的条件太差，埋没了自己的才华，整日感叹那里没有一个伯乐来赏识自己这匹"千里马"。因此，在做事上就形成了拖拖拉拉的习惯，工作上保持三分钟的热度，站在这个山头上总是看见那个山头高，总是在暗地里盘算着要去别的地方走一遭，换个新环境，舒畅舒畅。

如果一个人能在自己作出选择的那一刹那，就把自己的心踏实下来，就打算坚持下去，那他一定会在脚下的这块土地上掘出生命之水来，而不是挖一个坑换一个地方，到最后有被渴死的可能。有些时候，缺乏坚持的恒心，缺乏忍耐的精神，可能是因为小时候没有训练出这样的品质，没有这样的机会培养出这样的习惯！

美国著名心理学家瓦尔特·米歇尔曾在一群小学生身上做过一个有趣的实验。

他给每个孩子发一块软糖，然后告诉他们说他有事要离开一会儿。他希望孩子们都不要吃掉那块软糖，他允诺说：假如你们能将这些软糖留到我办完事情回来，我会再奖励给你们两块软糖。然后他出去了。寂寞的孩子们守着那块诱人的软糖等啊等，终于有人熬不住了，吃掉了那块软糖。接着，又有人做了同样的事……20分钟后，米歇尔回来了。他履行诺言，奖励没有吃掉糖的孩子每人两块糖。多年以后，他发现，那些不能等待的孩子大多一事无成，而日后创出一番业绩的全都是当年那些愿意等待的孩子。

坚强的忍耐力对于每个人来说，都不是天生的，而是需要在生活中磨炼。忍耐力是非智力因素中的重要一项，有些人可能是由于社会环境的影响或者是作为独生子女的"中心"地位的副作用，在学校、在家庭，养成了任性、冲动、无耐性的坏习惯，他们无克制力、意志薄弱，做事往往虎头蛇尾。这种习惯无论是对他个人还是对社会都是不利的，都无法很好地适应现代经济发展的态势。

无论你现在是一个默默无闻的小职员，还是一个不甘于继续当下环境的三分钟工作者，如果你想真正改变自己，真正让自己在工作上有突出的表现，那你就必须学会暂时的忍耐，忍耐环境对你的磨炼，对你的考验。既然选择了，就不要轻易放弃，否则你将永远一事无成。

加盟NBA六年，罗斯一直默默无闻，他先是效力于掘金队，后又转入步行者。在步行者的头两年他的日子一点儿都不好过，他得不到教练布朗的赏识，时常被晾在替补席上。"记得曾有一个赛季，连续14场没让我上阵，而当时我身上根本没伤。"说起那段痛苦的经历，罗斯至今感到心寒，但他认为这让他学会了很多，尤其是让他学会了忍耐，使他更加明白什么是值得更加去珍惜的。

直到伯德到步行者执教，才给罗斯带来了转机。罗斯在密歇根大学打球时，伯德曾看过他打球，当时就觉得他很有打球的能力。所以伯德到步行者对罗斯说的第一句话就是："我相信你有天赋，我会重用你。"伯德的话给了罗斯极大的信心，他勤学苦练，技巧很快地得到了提高，并很快被列入首发阵容，如今罗斯已成为步行者的中流砥柱。在一次总决赛的比赛中，罗斯更是表现不俗。在前五场比赛中，他发挥正常，平均每场得分达到了22分。尤其是在第五场比赛中，罗斯更是独领风骚，一人揽下了32分，成为步行者的得分王。"罗斯一直是我最欣赏的队员之一，"伯德赛后说，"他的成功归功于他的踏实和努力。"

不要急于表现自己不完善的能力，不要苦于找不到赏识自己的伯乐。如果你想让自己有一个灿烂的明天，那你就应该在工作中，学习中学会观察，学会磨炼，只有在这种考验中，你的能力才能得到提高，你的水平才能得到发挥。如果你已经对自己的业务有了一个全面的了解，你已经对它的运作有了十足的把握，那你离成功的日子也就不远了。

在你还不成熟的时候，在你感到自己的知识还比较欠缺的时候，不妨把抱怨先收起来，努力积蓄自己的能量，等到机会到来的时候，你就能让自己在发挥才能的过程中闪出耀眼的光彩。

坚持的力量强大无边

生活中有一个事实，那就是我们的欲望无限而时间有限。因此，我们应该思考的并不只是我们想从生活中得到什么，我们还应该考虑为此付出的代价。这不能被看作消极因素，如果我们在生活中一切都得来容易，并认为成功不需要代价，我们就不会渴望成功。比方说，死亡使生命如此有价值，因此，我们不惜代价活着，我们活着的理由就是要验证人类所有的成功，几乎都是坚持的结果；人类所有的竞技，几乎都是坚持的较量；人类所有的创造，几乎都是坚持的作用。

坚持，就是将一种状态、一种心情、一种信念或是一种精神坚定而不动摇地、坚决而不犹豫地、坚韧而不妥协地、坚毅而不屈服地进行到底。在《世界上最伟大的推销员》一书中，作者曾在"坚持不懈，直到成功"部分写道："我不是为了失败才来到这个世界上，我的血管里也没有失败的血液在流动。我不是任人鞭打的羔羊，我是猛狮，不与羊群为伍。我不想听失意者的哭泣，抱怨者的牢骚，这是羊群中的瘟疫，我不能被它传染。失败者的屠宰场不是我命运的归宿。"

柯立芝，美国第三十任总统曾经写过这样一段话："世界上任何事情都取代不了坚持力。天赋才能，一个天赋很高的人，终其一生都默默无闻，是再正常不过的事情了；天才也不能，湮没无闻的天才比比皆是；只靠教育也不能，这个世界上随处可见受过高等教育的庸才。只有坚持和决心才是无往而不胜的！"

艾吉分析说："一个成功的人，无论是致力于获取财富，还是在某一领域里成为顶尖高手，和那些无法成功的人比起来，最根本的差别就在于，成功的人永不放弃，永不言败，他们永远都是能够坚持到最后的那一个。无论有多大的障碍和挫折来阻挠，他们都不会轻言放弃。他们很清楚自己的目标是什么，并且能够坚持达到为止。"

很多历史上获得成功的人都认为，坚持到底是他们获得成功的重要原因。想象一下，如果司马迁写《史记》没有坚持 15 年；司马光写《资治通鉴》没有坚持 19 年；达尔文写《物种起源》没有坚持 20 年；李时珍写《本草纲目》没有坚持 27 年；马克思写《资本论》没有坚持 40 年；歌德写《浮士德》没有坚持 60 年，他们能够成功吗？想象一下，如果要你发明一种新的产品，你愿意尝试多少次失败的试验？100 次？200 次？1000 次？还是 5000 次？

林肯一直梦想着要成为一个伟大的政治家。在 32 岁那年，他破产了；35 岁那年，他青梅竹马的女朋友去世了；36 岁那年，他精神崩溃了。接下来的几年，他在竞选中连续失败。很多人都认为林肯应该放弃了，但是他却坚持了下来，结果走向了成功。

在我们的现实生活中，同样也有一些人凭借坚持不懈的精神而取得成功的人。写到这里，我还是想起了张其金的成功也与坚持不懈有着巨大的关系。张其金经常挂在嘴边的话就是："只要我能够坚持不懈，没有什么困难能够难倒我，没有什么挫折能打败我。"他经常对身边的朋友说："坚持自己的梦想，这听起来好像带有一些虚伪的东西，但它的确是你走向成功的前奏，只要你坚持了，你就能感觉到坚持是成就辉煌的前奏，是高潮来临之前的宁静，是朝日喷薄欲出时的五彩光芒。这是非常壮美的坚持，它足以给人最强烈的心灵震撼。如果我们能够在事业中也能具备这种精神，我们就能够走向成功。"

对于坚持，梭罗有一句话："大多数男人引领着一种沉默而绝望的生活，只是由于他们没有坚持的毅力才获得了这样的回报。"如果我们对这句话还持有异议的话，不妨看看我们过去的同学或者同事，他们曾经对自己设计过辉煌的未来，但又有多少人能实现他们的梦想？没有多少。随着他们人生道路的发展，恐怕他们早就忘了自己当年的梦想。他们喜欢平庸、喜欢得过且过、喜欢随大流，他们早就忘记了他们当年的豪言壮语。也许他们曾经为他们的梦想努力过，奋斗过，但他们最终都以失败告终。这是为什么呢？因为他们从来没有把他们心中的梦想放在第一位，他们也没有遇到挫折而勇于面对，没有把他们的梦想坚持下去，他们活在自己的生活中，但在他们内心深处的某一角落，却藏着他们所渴望做，但难以实现的事。

无论做什么事，只要我们有百折不挠的精神，就会成功；我们的成功，恰恰是告诉了我们坚持的价值。只要我们坚持，在没有路的时候，也能够踏出路径；在没有希望的地方也能够创造希望，让你无论如何，不会被困难打倒。

胜利属于坚持下去的人

胜利者，就是比别人能坚持的人。因为在希望渺茫之际，很可能就是柳暗花明之时。

法国作家凡尔纳年轻时写的第一本书，是名为《气球上的五星期》的科学幻想小说。

当他满怀憧憬地将自己的处女作送给一家出版社时，总编辑翻了书稿后，感到书中说的尽是不切实际的幻想，而且写作手法离经叛道，便拒绝出版。

在一连被十五家出版社拒之门外之后，凡尔纳开始灰心丧气。他坐在火炉旁撕手稿，一张一张地往火炉里扔。幸亏他的妻子发现，才阻止了他的焚书行动，并劝他再试一次。凡尔纳第二天又将书稿整理好送到第十六家出版社。出乎意料，这家出版社独具慧眼，不仅立即给予出版，而且与凡尔纳签订了为期20年的约稿合同，要凡尔纳把今后写的全部科幻小说交给他们出版。

《气球上的五星期》出版后，立即轰动文坛，凡尔纳一举成名。

成功往往就在于"再坚持一下"。试想，凡尔纳如果不跑到这第十六家出版社，还会有这部不朽的传世名作吗？还会有大作家凡尔纳吗？

美国华盛顿山的一块岩石上，立下了一个标牌，告诉后来的登山者，那里曾经是一个女登山者躺下死去的地方。她当时正在寻觅的庇护所"登山小屋"只距她一百步而已，如果她能多撑一百步，她就能活下去。

这个事例提醒人们，倒下之前再撑一会儿。胜利者，往往是能比别人多坚持一分钟的人。即使精力已耗尽，人们仍然有一点点能源残留着，用到那一点点能源的人就是最后的成功者。

往往，再多一点努力和坚持便会收获意想不到的成功。以前做出的种种努力，付出的艰辛便不会白费。令人感到遗憾和悲哀的是，面对一而再、再而三的失败，多数人选择了放弃，没有再给自己一次机会。

拿破仑曾经说过："达到目标有两个途径——势力与毅力。"势力只有少数人所有，而毅力则属于那些坚韧不拔的人，他的力量会随着时间的推移而强大以至无可抵抗。

无论何时，我们都应该信心百倍地去全力争取人生的幸福和成功，并永远激励自己：离成功我只有一海里，只要再多一分钟的坚持！

坚持下去，再无拖延

　　世界上没有不通的路。条条道路通罗马，无论你往东走，还是往西行，只要坚持走下去，都可以达到目的。相信自己能够闯出成功，往往就能成功，成功的决心往往就是成功本身。

　　但是，很多人会问："走到悬崖绝壁怎么办？"其实，即使走到悬崖绝壁，也没有什么了不起。既然有崖，必定有谷，悬崖绝壁挡住了路，迂回一下总还是可以过去的。许多人干什么事，起初都能够付诸行动，但是，随着时间的推移，难度的增加以及气力的耗费，大多数人便从思想上开始产生松劲和畏难情绪，接着便停滞不前以至退避三舍，最后放弃了努力。

　　一个人想做出自己的事业，就要坚持下去，这样才能取得成功。人天生就有一种难以摆脱的惰性，所以在干什么事时常常会浅尝辄止、半途而废。当他在前进的道路上遇到障碍和挫折时，便会灰心丧气和畏缩不前。这也和走路行进一样，大多数人都愿意走平坦的下坡路，而不喜欢艰难的上坡路。这也是人之所以常常见了困难绕着走的深层原因。

　　许多人之所以没有收获，主要原因就是在最需要下大力气，花大工夫，毫不懈怠地坚持下去时，他却停止了努力，千里之行，弃于脚下，成功从此与他无缘了。

　　亨利·毕克斯·特恩出生在威斯特麦兰郡的克拜伦德尔地区，父亲是一个小有名气的外科医生。亨利一开始并没有什么新的打算，只是准备继承父业。在爱丁堡求学期间，他对医生研究专心致志，从不动摇，周围的人都很佩服他的坚韧刻苦。当他回到家乡，积极从事实践活动。

随着时间的变化，他对这门职业渐渐地失去了兴趣，对眼前小镇的闭塞与落后也日益不满。这时，他对生理学发生了兴趣，并有了自己的思考，十分渴望进一步提高自己。

父亲完全赞成亨利本人的愿望，于是把他送到了剑桥大学，让他在这个世界闻名的大学进一步深造。不幸的是，过分地用功严重地损害了他的身体。为了恢复健康，作为一个医生，他接受了一项职务——去活德奥克斯福德当一位旅行医生。在此期间，他掌握了意大利语，并对意大利文学产生了浓厚的兴趣，对医学的兴趣反而越来越淡。很快，他就坚决地放弃了医学，决心攻读其他学科的学位。经过一段时间的努力，他获得了当年剑桥大学数学学位考试一等及格者。

毕业之后，他未能如愿进入军界，只得进入律师界。但作为一位刚刚毕业的学生；他进了内殿法学协会，拿出以往学习的劲头，刻苦地钻研法律。他在给他父亲的信中写道："每一个人都对我说：'你一定会成功——以你这非凡的毅力。'尽管我不明白将来会是什么样子，但有一点我敢相信：只要我用心去干一件事，我是决不会失败的。"

28岁那年，他被招聘进入律师界，但生活的道路要靠自己去开辟。这时他经济十分拮据。主要靠朋友们的捐赠过日子。他潜心研究和等待了多年，还是没有生意。日子一天比一天难熬，他不得不在各方面省吃俭用，不要说娱乐，就是连最必需的衣服、食物他都已紧缩到不能再紧缩的地步。他写信给家里，承认他自己也不知道他能再坚持多久，他自己都怀疑能否等到开业的机会。

3年时间一晃而过，他苦苦地等待他仍然没有结果。"律师这碗饭不是那么好吃的"，他写信告诉自己的朋友们，他再也不能成为别人的负担了。他想放弃这里的一切回到剑桥去，在那里他相信自己能找到谋生的办法。家人和朋友给他寄来了一小笔汇款，鼓励他不要灰心。亨利又挺了一段日子，生意终于慢慢来了。他在办一些小案子时表现很好，很守信用，于是他的工作渐渐有了起色。人们开始把一些大宗案子交给他办。

亨利是一个从不放过任何机会的人，当然，他也从不放过任何一个提高自己的机会。他数年的孜孜追求终于迎来了丰收的一天。几年之后，他不仅不需要家里的帮助，而且可以还一些旧债。乌云终于散去，好运光临头顶。亨利·毕克斯特恩的大名意味着荣誉、财富和才华。他终于成了一位声名显赫的主事官，以蓝格德尔贵族的身份坐在上议院之中。

一个人会不会成功，关键就是看在困难面前能不能坚持，坚持下去就是胜利，半途而废则前功尽弃。

拖着不做，就等于放弃了自己

如果你不放弃自己，就不会有谁放弃你，所有的成功者没有谁是一个放弃理想和追求的人。在成功的路上，放弃永远是一种最可怕的行为，甚至比失败更可怕。因为失败之后还可以再来，而放弃了则是从心底让自己和成功告别了。失败是成功的前奏和序曲，而放弃则是成功的结束和尾声。面对人生的许多挑战，许多坎坷和陷阱，谁能保证不输？跌倒并不可怕，可怕的是没有站起来的勇气。成功的人总是那些不知放弃的人。

印尼华人林绍良，他从卖杂货的小贩到成为"世界十大富豪之一"，他的成功就是和艰苦奋斗、从不放弃的精神分不开的。林绍良曾对人说：一个人的创业，一半靠机遇，一半则靠个人奋斗——这正是他事业成功的写照。

1916 年林绍良出生在中国福建省福清市一个殷实的农民家庭。他在私塾一直念到了 15 岁。然后开始学着做点小生意，租了一间房子，开了一个小面店。"九一八"事变后，日本侵占了东三省，人心惶惶，林绍良的面店也只好关门了。这时候，叔叔和哥哥去了印尼，林绍良就成了家里的顶梁柱。1935 年，父亲因病去世了，母亲担心儿子被抓走，便主张他出走南洋。

1938 年春天，林绍良来到印度尼西亚中爪哇的古突士镇，投靠叔父。当时叔父林财金在镇上开了个花生油店，林绍良就在店里当学徒。他每天起早贪黑地干活，空余时间就学习印度尼西亚语及爪哇方言。

爪哇岛上并不比家乡好多少，日本侵略者的铁蹄也已经迈向了这里，烽火连天，经济凋零，生意要赚钱，谈何容易。后来，林绍良发现只是在店中坐等顾客上门是不行的，于是他就向叔父提出要到外面去推销，叔父同意了。于是，林绍良走街串巷，上门推销花生油。因为战争，顾客很少出门，林绍良的送货上门受到了热烈欢迎，销售额开始成倍地增长。叔父高兴地给他加了薪，并鼓励他继续干下去。

两年后，有了些积蓄的他开始有了新的想法，他想寻求更大的发展。因为没有太多的本钱，林绍良做起了贩卖咖啡粉的小本生意。这段生活是非常艰苦的，为了生计和理想，林绍良每天半夜就起床，先将买来的咖啡豆磨成粉，再用旧报纸包成小包，天还未亮，就骑上自行车，不管刮风下雨，赶到六七十里外的市场去贩卖。只有当夜深人静入睡时，他才会忘记疲劳。这种生活虽然盈利不多，但却培养他的胆识，积累了社会经验，接触了很多人。后来，林绍良每当回忆起这段"骑自行车贩卖"的艰苦生活时，还不无感慨地说："人需要经得起磨炼，才会有所进步。"

经过几十年的苦心经营，到1988年，年逾古稀的林绍良已经构建起了自己的"林氏王国"，其企业在东南亚举足轻重，对其经济发展起着至关重要的作用。林绍良也因其雄厚的财力和庞大的势力，称雄印尼，富甲东南亚，被誉为"亚洲的洛克菲勒"。

林绍良的成功告诉我们，百折不挠、永不放弃的工作精神是获得成功的基础。这个世界里，成功永远属于不放弃的人，属于那些不会被困难打垮的争气的人，在这里，弱者只能得到同情和怜悯，精神上的弱者永远不可能取得成功。如果把工作比作一场战争的话，人就是在战场上冲锋陷阵的人，工作中的各种挑战就是你的敌人，当你面对敌人，不能有任何谦让，否则，你的敌人就可以让你丧命。要成为这场战争的胜利者，就要具备百折不挠、永不放弃的战斗精神。

丘吉尔有一次去参加牛津大学的一个讲座，那一天到来之时，全世界各大新闻媒体都前往参加，会场上人山人海，水泄不通。人们都去恭听这位政治家、外交家的成功秘诀。

丘吉尔上台之后用手势止住大家震耳欲聋的掌声后，说："我的成功秘诀有三个：第一是绝不放弃；第二是绝不、绝不放弃；第三是绝不、绝不、绝不能放弃！我的演讲结束了。"说完就走下了讲台。

台下安静极了，一分钟后，礼堂里爆发出热烈的掌声。

有时候，有的成功并不是总那么耀眼辉煌的，有很多我们还不知道、不能想象的难度和挑战。取得成功不是靠多么壮观的方式，而是靠不断的努力和不停地坚持。

"路漫漫其修远兮，吾将上下而求索。"成功是在失败中一次次失败中慢慢获取的，只有肯于坚持求索而不是放弃的人才会找到它。

不再逃避，不再拖延

美国作家斯宾塞·约翰逊的《谁动了我的奶酪》一书曾风靡一时。在这本书中，讲述了一个外表看似简单的故事，实质是向人们揭示了如何在今天的变革时代面对变化与危机，取得成功，实现自己的目标。在这本书当中有一段内容，是这样说的：

再完美的计划也时常遭遇不测。生活并不是笔直通顺的走廊，让我们轻松自在地在其中旅行，生活是一座迷宫，我们必须从中找到自己的出路，我们时常会陷入迷茫，在死胡同中搜寻。但如果我们始终深信不疑，又一扇门就会向我们打开，它或许不是我们曾经想到的那一扇门，但我们最终将会发现，它是一扇有益之门。

这本书中有四个人物：两个小矮人哼哼、唧唧和两只小老鼠嗅嗅、匆匆。他们生活在一个迷宫里，奶酪是他们要追寻的东西。有一天，他们几个共同发现，在一个仓库中储藏着丰富的奶酪。从此以后，他们便在奶酪的周围构筑起自己的幸福生活。然而，有一天奶酪突然不见了！这个突如其来的变化使得他们各自的心态暴露无遗：嗅嗅、匆匆面对变故，立即行动起来，穿上始终挂在脖子上的鞋子，开始出去寻找，并很快找到了更新鲜更丰富的奶酪；而两个小矮人哼哼和唧唧面对变化却在犹豫不决，烦恼丛生，始终固守在已经消失的美好幻觉中追忆和抱怨，不能使自己接受奶酪已经消失的残酷现实。经过一番激烈的思想斗争后，唧唧最终还是冲破了思想的束缚，穿上他久置不用的跑鞋，重新进入漆黑的迷宫，最终找到了属于自己的更多更好的奶酪，而哼哼呢？仍在这突如其来的变故中郁郁寡欢。

这里所说的"奶酪"其实是个比喻，它代表着人们生命中的任何最想得到的东西，它或许是一份工作，也或许是金钱、健康、爱情、幸福、快乐或心灵的宁静等。的确，人生中需要面对不同的变化，这就需要勇敢地接受现实。

在漫长的岁月中，每个人都会碰到一些令人不快的情况，它们既是这样，就不可能是那样。但我们可以选择：我们可以把它当作一种不可避免的情况，以一种沉着冷静的心态去接受，并适应它。否则，我们就会被随它而来的忧虑而毁掉我们的生活。

在卡耐基年幼时，有一次，他和几个朋友在密苏里州的老木屋顶上玩，他爬到屋顶时，在上面歇了一会儿，然后准备往下跳。然而，就在他往下跳时，他的左手食指上戴着的一枚戒指钩在钉子上，扯断了他的一根手指。

面对这种情况，卡耐基立刻大声尖叫起来，心里非常害怕，他想他可能会死掉。但等到手指创伤愈合后，他就再也没为此操过一点儿心。"有什么用？我已经接受了不可改变的事实。"他说。

在我们的日常生活中，又有多少人能做到像卡耐基那样平和地接受变故呢？此后的日子里，卡耐基几乎忘了自己的左手只有大拇指和另外三根手指。

几年后，卡耐基到纽约一家公司办事时，在这家公司的办公大楼里碰到了一个开运货电梯的人，他的左手齐腕被砍断了。卡耐基问他少了那只手会不会觉得难过，他说："噢，不会，我根本就不会想到它。只有在要穿针的时候，才会想起这件事。"

生活中，不可避免会遇到许多不快的经历，我们是无法逃避的，只有以一种平和的心态去沉着应对，做自我调适；如果做抗拒，不但会毁了我们的生活，或许还会使自己的精神达到崩溃的状态。

威廉·詹姆斯曾说："心甘情愿地接受吧！接受事实是克服任何

不幸的第一步。"

　　伊丽莎白·康莉是俄勒冈州波特兰市的一位市民，她在经历了无数困难的折磨后，对这一点大有体会。在庆祝美军在北非取得胜利的那一天，康莉得到国防部的消息，她的侄子——她最爱的人在战场上失踪了。又过了一些日子，她再次接到通知，她的侄儿已在战场上死去！

　　面对这一突如其来的变化，康莉心里非常痛苦，这件事打乱了她整个的生活。在得到侄子去世这个消息前，康莉的生活一直过得非常快乐。她热爱工作，并且还花了许多心血将这个侄儿培养成人。在她眼中，她的侄子具备年轻人的所有优秀品质，她觉得以往所付出的一切，现在都会得到收获……可是突然间，这一切都破碎了，她失去了活下去的理由。康莉开始痛恨这个世界，为什么这么优秀的一个年轻人，在自己的大好人生刚刚起步时，就被剥夺了生命？悲痛的打击，使她失去了对外界的一切兴趣。在这种悲痛中，康莉决定辞去工作，离开这里到别的地方去，她不想看到这里的一切。

　　在康莉准备写辞职信时，在抽屉里她突然发现了一封信，这封信是几年前她的母亲去世后侄子给她写的信。信上说："当然，我们都会怀念她，尤其是你，我相信你会撑过去的。我一直都记得你教我的那些美丽的真理。记得你教我要微笑，要像一个男子汉，勇敢接受所发生的事情。"

　　在康莉阴暗的心底里，这封信仿佛是阴天里的阳光一样，带给了她极大的震撼，这让她感觉到远去的侄子就在身边，正在对她说："你为什么不按你教给我的办法去做呢？一定要勇敢地撑下去，不管发生什么事，都要用一种平和的心态去面对，继续过下去。"

　　被悲痛困扰着的康莉终于从黑暗的阴影中走了出来，她告诫自己：事情到了这个地步，已经没办法挽回，她只能够像侄子所希望的那样勇敢地活下去。从此以后，康莉试着让自己接受这个变故，重新振作精神，把所有的精力都投入到工作中去。

在这个故事中，康莉女士所学习到的，正是我们每个人都应该学会的真理，我们只有沉着地接受并配合不可改变的命运。"事如此，别无选择"，这并非一件容易做到的事，即使贵为一国之君也不能不时常提醒自己。英王乔治五世在白金汉宫的图书室内就挂着这句话："请教导我不要凭空妄想，或作无谓的怨叹。"哲学家叔本华说："能够顺从，是你在踏上人生旅途后最重要的一件。"

很显然，环境本身并不会影响到我们的情绪，我们对周围环境的反应才能决定我们的悲欢。当灾难和悲剧降临到我们身上时，我们不应该以悲观的心态去看它，而是要平和地去接受并战胜它们。我们内在的力量坚强得惊人，只要我们肯加以利用，就能帮助我们克服一切。

全美连锁百货公司的创始人潘尼说："即使我赔得一文不名，我也不会烦恼，因为我看不出烦恼能带给我什么。我已尽力，其他的交给上帝。"

亨利·福特也说过类似的话："当我无法处理时，我把它们摆在那儿顺其自然。"

诗人惠特曼所说的这句话也非常值得我们学习："让我们学着像树木及动物一样顺其自然，面对黑夜、风暴、饥饿、荒谬、失意与挫折。"对必然之事轻松地接受，就像杨柳承受风雨，只有如此，我们才能拥有好的心态，远离拖延症的泥淖。

第六章
不再拖延，让自己全力以赴

很多人一事无成，并不是因为他们缺乏能力，而是缺乏全力以赴的勇气。在拖延的时候你自然很难全力以赴。而一旦你戒除了拖延症，你就应当把自己的这种觉醒用到工作中：从今天开始，不再拖延，让自己全力以赴。

让工作没有缺陷

众所周知，一家企业若想在市场竞争中屹立不倒，就必须拥有一流的产品和服务。那问题来了，判断产品和服务是否一流的标准又是什么呢？毫无疑问，简简单单的三个字——零缺陷。而要想做到这一点，企业的每一位员工必须恪尽职守，全力以赴地去工作，最后用百分之百的负责精神换取一个完美的工作成果。

关于"零缺陷"，管理学上曾流传着这样一个故事。

有一家生产降落伞的工厂，他们制造出来的产品从来都没有瑕疵，也就是说他们生产的降落伞从来没有在空中打不开的不良记录。

有一位记者觉得这不太可能，于是他找到这家工厂的负责人，希望能够借采访，打探出生产零缺点降落伞的秘诀。记者首先恭维老板的英明领导与经营有方，随后简明扼要地说明来意，老板先是口沫横飞地说："要求降落伞品质零缺点是本公司一贯的政策，想想看，在离地面几千英尺的高空上，万一降落伞有破损或打不开的话，那么使用者在高空跳落过程中岂不是魂飞魄散，且叫天天不应，叫地地不灵，人命根本就没有受到应有的重视！"话毕，老板又漫不经心地说："生产这类产品其实并没有所谓的奥秘！"

老板的话令记者一脸狐疑，他仍不死心地追问："老板您客气了，我想其中一定有诀窍，否则贵工厂怎么有可能维持这么高的品质？"

此时，老板嘴角露出一抹微笑，他淡淡地说；"哦，要保持降落伞零缺点的品质，其实是很简单的，根本就不是什么艰深难懂的大道理。我们只是强烈要求，在每一批降落伞要出厂前，一定要从整批的货品中随机抽取几件，将它们交给负责制造该产品的工人，然后让这些工人拿着自己生产的降落伞到高空进行品质测试的工作……"

乍一看，这位工厂老板最后的回答相当幽默，但细细思量一番，就会感到背脊发凉。如果我们是这家工厂负责生产降落伞的工人，我们肯定不敢对自己的工作掉以轻心，平时绝对会以"零缺陷"的标准去工作，因为如果不这样做，那最后拿到质量不过关的降落伞，白白丢掉性命的就很有可能是我们自己。

20世纪60年代初，菲利浦·克劳士比提出"零缺陷"思想，并在美国推行零缺陷运动。后来，零缺陷的思想传至日本，在日本制造业中得到了全面推广，使日本制造业的产品质量得到迅速提高，并且领先于世界水平，继而进一步扩大到工商业所有领域。而菲利浦·克劳士比本人，也因此被誉为"全球质量管理大师""零缺陷之父"和"伟大的管理思想家"。

其实，很多人都不知道，"零缺陷"的理论核心正是："第一次就把事情做对"。众所周知，在实际的工作中，每个人都难免会犯下错误，但"零缺陷"理论要求我们树立"不犯错误"的决心。也就是说，我们必须提高自己对产品质量和服务质量的责任感，全力以赴地去工作，争取一点错误也不犯，将工作做到位。

海尔集团首席执行官张瑞敏说过："有缺陷的产品，就是废品！"除了字面上的意思外，这句话还可以换个角度来理解，那就是生产出有缺陷的产品的员工，都不是一个对工作全力以赴的好员工。

去过海尔集团参观的人都知道，海尔展览馆存放着一把大铁锤，海尔人认为这把大铁锤是海尔发展的功臣。原来，这把大铁锤里藏着一个发人深省的故事。

1985年，张瑞敏刚到海尔（时称青岛电冰箱总厂）。那时，冰箱的需求量比供应量大得多，海尔生产出来的任何产品，甚至不合格的冰箱都能轻松地卖掉。

1985年4月，张瑞敏收到了一封用户的投诉书，说买的海尔冰箱质量有问题。这封投诉书让张瑞敏意识到问题的严重性，他随即突击检查了仓库，发现共有76台冰箱存在各种各样的缺陷。

当时研究处理办法时，职工们提出两种意见：一是作为福利处理给本厂有贡献的员工；二是作为"公关手段"处理给经常来厂检查工作的工商局、电业局、自来水公司的人，拉近他们与海尔的关系。可张瑞敏却说："我要是允许把这76台冰箱卖了，就等于允许你们明天再生产760台这样的冰箱。"

后来，海尔搞了两个大展室，展览了劣质零部件和这76台劣质冰箱，让全厂职工都来参观。参观完以后，张瑞敏把生产这些冰箱的责任者留下，只见他拿着一把大锤，照着一台冰箱就砸了过去，把这台冰箱砸得稀烂，紧接着，他又把大锤交给责任者，让他们把这76台冰箱全都销毁了。

当时在场的人都流泪了。要知道，这一台冰箱当时要卖800多块钱，而每人每个月的工资才40多块钱，一台冰箱就相当于一个人两年的工资。

那时海尔还在负债，并且这些冰箱也没有多少毛病，有的冰箱只是在外观上有一道划痕。张瑞敏的这一举动无疑令很多人难以理解。但是，正是这一锤"砸碎"了过去陈旧的质量意识，"砸醒"了全体员工，这一锤让员工明白了：如果不按照"零缺陷"的标准去工作，海尔随时有可能倒下，所有人都将失去工作！

这件事过后，"精细化，零缺陷"很快就成了海尔全体员工的工作信念。员工们一改往日马马虎虎、将就凑合的态度，全力以赴地投入到工作中，对于每一个生产细节都精心操作，绝不敢有丝毫的放松懈怠。

如今的海尔已从当初那家资不抵债、濒临破产的集体小厂发展为全球家电第一品牌，如此显著的变化，显然要归功于海尔员工"零缺陷"的工作标准。

不可否认，工作"零缺陷"并不是那么容易做到的事情，但只要我们把工作当作自己的事情来做，不害怕任何错误，不放过任何错误，不接受任何错误，自始至终都以"零缺陷"的标准来工作，总有一天我们会美梦成真！

把工作做到最好

一个成功的商人曾说："如果你能真正制好一枚别针，应该比你制造出粗陋的蒸汽机赚到的钱更多。"由此可见，不管我们从事什么工作，都要尽职尽责，将工作做到最好，唯有如此，老板才会对我们另眼相看，对我们委以重任。

一位公司的老板到外面开会，安顿好后，他往公司办公室打电话以确定一切都已安排妥当。他先给办公室里负责发放纪念品的杰瑞打电话，问他纪念品是否已经发到了公司每个 VIP 客户的手上，杰瑞回答说："我在一周前已经把东西寄出去了。""他们都收到了吗？"老板问。杰瑞说："我是让联邦快递送的，他们保证两天后到达。"

随后，老板又给负责材料的亨利打电话，明确他开会所需材料的事情。他说："我的材料寄到了吗？""到了，秘书阿加莎在 4 天前就已经拿到了。"亨利说，"但我给她打电话时，她告诉我需要材料的人有可能会比原来预计的多 200 人。不过别着急，我把多出来的也准备好了。事实上，她对具体会多出多少也没有清楚的预计，因为允许有些人临时到场再登记入场，这样我怕 200 份不够，为保险起见寄了 300 份。我会和她随时保持联系，你们可以在第一时间找到我。"

亨利对工作的尽职尽责让老板非常感动，开完会后，老板立即提拔亨利当他的秘书，并要求所有员工都向亨利学习，努力将工作做到最好、最细致。

其实，杰瑞在工作表现也谈不上不负责任，只是和亨利相比，他还是有很多地方没有考虑到位。当老板问他公司的 VIP 客户是否收到公司赠送的纪念品时，他显然没有给出一个明确的答复，而这无疑是没有对工作做到尽职尽责的缘故。

可以看到，亨利为了让老板更放心，他不止做好了老板交代的事情，还全方面考虑到了有可能出现的意外情况。他清醒地意识到，自己在工作中的每个失误都将对结果产生负面影响，所以他竭尽全力，将能做的事情全部做好，并时刻待命在岗位上，直至老板的会议圆满结束。

卡耐基说过："成功毫无技巧可言，只不过是对工作尽力而为。"别小看尽力而为这四个字，它可不仅仅是一句简单的口号，当我们真正将其落实到工作中去时，我们会发现，对工作尽职尽责，需要我们毫无保留地付出大量的时间、精力和汗水，这显然不是一般人随便喊两句口号就能轻松做到的！

1991 年，一位名叫坎贝尔的女子独自徒步穿越非洲，不但战胜了森林与沙漠，更跨越了 400 英里（约 643 千米）的旷野。当有人问她为什么能做到如此令人难以想象的壮举时，她回答说："因为我说过我一定能，而且我在全力以赴地去做。"问她向谁说过这句话，她的回答是："向自己说过。"

当然，我们的工作或许不像徒步穿越非洲那么艰难，但如果我们不像坎贝尔那样全力以赴地去做的话，那最后等待我们的肯定不是一个多美的结局。

总之，养成对什么事情都尽职尽责、全力以赴的习惯后，我们就好比找到一把打开成功之门的钥匙。因为当我们以尽职尽责的态度去做事情的时候，全身精力和力量都集中到一起，就像一把锋利的匕首能刺破任何困难和阻挠。

程喆是一家销售公司的普通员工，有一次他遇到了一个难缠的客户，在会谈前期，这位客户本已和他对买进产品的数量、价格等都达成了共识，然而当要真正成交时，对方又临时改变了主意。

当时，程喆的处境十分尴尬，这要是换成其他人，八成会选择放弃这单生意，但程喆却想到，如果能谈成这笔业务，那不仅自己会从公司拿到一笔数额不小的提成，最后还能让公司的发展迈上一个新的台阶。于是，程喆不允许自己放弃，他把自己所有的精力和时间都用上了，此次背水一战，只能赢不能输！

他一次次地和那位客户面谈，阐述了其中的利弊。在他的努力下，这位反反复复、拿不定主意的客户终于在订单上签了字。

通过这个故事，我们不难发现，尽职尽责、全力以赴的工作状态就像一束火苗，它能在瞬间点燃我们身体内潜藏的能力火炬，鞭策我们将工作做到最好，从而取得比以前更为出色的成绩。

俗话说，世上无难事，只怕有心人。一个人在什么地方花费时间和精力，那他就会在什么地方真正有所收获。要知道，每个人在工作中难免会碰上一些棘手的问题，这个时候，如果我们选择放弃和逃避，那最后只会一无所获；反之，如果我们像一个勇士那样直面问题，那所有的困难都将迎刃而解。

有这样一个故事：

一个小和尚担任撞钟一职，每天都能按时撞钟，但半年下来主持却很不满意，就调他到后院劈柴挑水，说他不能胜任撞钟一职。

小和尚很不服气地问："我撞的钟难道不准时、不响亮？"

老主持耐心地告诉他："你撞的钟虽然很准时、也很响亮，但钟声空泛、疲软，没有感召力。钟声是要唤醒沉迷的众生的，而我却没有听到这样的声音。"

在老主持的眼里，撞钟一职有着莫大的意义，撞钟的人身上肩负着"唤醒众生"责任。可小和尚在其位却没有谋其事，他撞钟出来的声音未能达到这种效果，所以，尽管他有准时撞钟，但依旧不能说他对工作有做到尽职尽责、全力以赴。

著名作曲家威尔第说过一句话："在我作为音乐家的一生中，我一直都在为追求完美而奋斗。但是，这个目标总是在躲避我，因此，我真切地感觉到一种责任，觉得应该再努力一次。"其实，面对工作，责任是永远没有上限的，我们只有无穷无尽地付出，将全部的精力和时间致力于某一件事，才能真正获得成功。

激发出自己最大的热情

一个有责任感的员工，往往对自己的工作也充满着热情，这种热情能激发他们自身的潜能，帮助他们对成功发起一次又一次的冲刺。

热情对于每一个职场人士来说就如同生命一样重要，如果我们失去了热情，那就无法在职场上立足和生存。凭借热情，我们能让自己连续 24 小时都不断电，永远都保持着高昂的工作斗志；凭借热情，我们可以把枯燥乏味的工作变得生动有趣，永远都不会让自己感到无聊；凭借热情，我们还能感染身边的同事和领导，从而让自己收获一段段良好的人际关系。

梭罗在他的著作《瓦尔登湖》中曾说过："一个人如果充满热情地沿着自己理想的方向前进，并努力按照自己的设想去生活，他就会获得平常情况下料想不到的成功。"工作何尝不是这样呢？只要我们凡事尽职尽责，自会激发出巨大的工作热情，而热情自然会保证我们在事业上收获成功。

国王和王子打猎途径一个城镇，空地上有三个泥瓦匠正在工作。国王问那几个匠人在做什么。

第一个人粗暴地说："我在垒砖头。"

第二个人有气无力地说："我在砌一堵墙。"

但第三个泥瓦匠热情洋溢、充满自豪地回答说："我在建一座宏伟的寺庙。"

回到皇宫，国王立刻召见了第三个泥瓦匠，并给了他一个很不错的职位。王子问："父王，我不明白，你为什么这样欣赏这个工匠呢？"

"一个人将来有多成功，最终是由他做事时的态度决定的。"国王回答说："充满工作热情的人可以看到事业最后的结果，不会被手头的任务吓倒，而是用这种对结果的预期鼓励自己去努力，去克服可能遇到的各种困难。"

可以看到，这三个泥瓦匠若是生活在现代，第一个人仍然在"垒砖头"，第二个人可能成为一个工程师，而第三个人则会拿着图纸指指点点，因为他是前面两个人的老板。

这个故事告诉我们一个道理，对自己的工作充满热情，不但能从中享受到快乐，还能在事业上大有作为。

然而不幸的是，在现实生活中，对自己的工作充满热情的人少之又少。很多人早上从睡梦中醒来，一想到待会要去上班，心情立马跌落到谷底。等磨磨蹭蹭地到达公司后，他们又开始无精打采地开始一天的工作，好不容易熬到下班，他们才一扫低迷的情绪，变得精神抖擞起来。

其实归根结底，这都是对工作缺乏责任感的表现。在他们的眼里，工作只是自己养家糊口、不得不从的差事，老板出钱，自己出力，属于等价交换，完全没必要太过认真。所以，抱着这种不负责任的消极心态，他们没有一丝工作热情，平时只像老黄牛拉磨一样，别人催一下，自己动一下，懒懒散散，得过且过。

毫无疑问，这种员工最不受老板待见。要知道，在企业里，老板最喜欢的永远是那些在工作中充满了热情和责任感的员工，因为他们不仅能将自己的工作做到最好，还能带动周围的人，使之变得积极主动而上进。

现在，让我们一起来看看卡通大王迪斯尼是怎样用热情来使自己成功的吧！

迪斯尼还是个年轻小伙子的时候，他就梦想着制作出能够吸引人的动画电影来。于是，他以极大的热情投入到工作当中去。为了了解动物的习性，他每周都亲自到动物园去研究动物的动作及叫声。值得一提的是，在他后来所制作的动画片中，很多动物的叫声，都是他亲自配的音，包括那位可爱的米老鼠。

有一天，他提出了一个构想，欲将儿童时期母亲所念过的童话故事，改编成彩色电影，那就是"三只小猪与野狼"的故事。但助手们都摇头表示不赞成，没有办法，迪尼斯只好打消这个念头。但是在迪斯尼心中却一直无法忘怀，后来，他屡次提出这个构想，都一再地被否决掉。

终于，因为他有着一种无与伦比的工作热情，并且不断地提出，大家才答应姑且一试，但是对它不抱有任何的希望。然而，剧场的工作人员谁都没有料到，该片竟受到全美国人民的喜爱。

这实在是空前的大成功。从乔治亚州的棉花田到俄勒冈州的苹果园，它的主题曲立刻风靡全美国——"大野狼呀，谁怕它，谁怕它。"

通过迪尼斯的经历，我们可以得出一个结论：一个人工作时，如果能以火焰般的热情，充分发挥自己的特长，那么无论他所做的工作有多么艰难，他都不会觉得辛苦，并且迟早有一天他会成为该行业的巨匠。

在这个社会上，有很多人工作起来毫无热情，他们认为工作是生活的代价，是不可避免的劳碌，这是多么错误的观念啊！其实，当带着责任感去工作时，我们的工作热情会自然而然喷涌而出，此时，我们就像一个冲向成功的急先锋，任何艰难困阻都无法停止我们不断前进的脚步。

成功学大师拿破仑·希尔曾这样评价热情："要想获得这个世界

上的最大奖赏，你必须拥有过去最伟大的开拓者所拥有的将梦想转化为全部有价值的献身热情，以此来发展和销售自己的才能。"热情确实是做成任何工作的必要条件，它能激活我们全身上下的每一个细胞，帮助我们完成心中最渴望的事情。

　　总之，责任激发工作热情，热情保证事业成功。不管从事何种工作，只要我们时刻记住这个真理，就能在职场上开辟出一片属于自己的广袤疆土，成为该领域最成功的专业人士，最后收获同事的欣赏和尊敬，以及领导的信赖和重用。

知行合一，把责任扛起来

在工作中，嘴上说负责的人，一般都是"光说不练"的嘴把式员工。这种员工最擅长的从来都不是认真工作，而是浑水摸鱼，投机取巧。最后，每当领导让他们拿出工作结果来时，他们总是支支吾吾，绞尽脑汁找借口好应付过去。

很显然，这些都是知行不合一的表现。面对工作，不论我们嘴上说得多么好听，如果不采取实际行动去诠释责任，便永远不可能出现所期望的结果。所以，我们应该拒绝毫无意义的空谈，全力以赴，恪尽职守地将工作做好。只有这样，我们才能做出成绩来，才能给所在企业创造出经济效益。否则，我们所期望的东西只能在虚幻中存在，我们永远都不可能收获成功。

一天，老鼠大王组织召开了一个老鼠会议，商讨如何对付猫。会议开了一上午，老鼠们个个踊跃发言，却始终没有一个切实可行的办法。这时，一只号称最聪明的老鼠站起来说："据事实证明，猫的武功太高强，死打硬拼我们不是它的对手。对付它的唯一办法就是——防。"

"怎么防呀？"大家反问。

"在猫的脖子上系个铃铛。这样，猫一走铃铛就会响，听到铃声我们就躲进洞里，它就没有办法捉到我们了！""好办法，好办法，真是个聪明的主意！"老鼠们欢呼雀跃起来。老鼠大王听了这个办法，高兴得什么都忘了，当即宣布散会举行大宴。可是，第二天醒酒以后，老鼠大王又召开紧急会议，并宣布说："给猫系铃这个方案我批准了，现在开始落实。"

"说干就干，真好！"群鼠们激动不已。老鼠大王接着说："有谁愿意接受这个任务，现在主动报名吧。"可是，等了很久，会场里面仍没有回声。

于是，老鼠大王命令道："如果没有报名的，就点名啦。小老鼠，你机灵，你去系铃。"老鼠大王指着一个小老鼠说。小老鼠一听，浑身抖作一团，战战兢兢地说："回大王，我年轻，没有经验，最好找个经验丰富的吧。"

"那么，最有经验的要数鼠爷爷了，您去吧。"紧接着，老鼠大王又对一个爷爷辈的老鼠发出命令。"哎呀呀，我这老眼昏花，腿脚不灵的，怎能担当得了如此重任呢？还是找个身强体壮的吧。"鼠爷爷磕磕巴巴，几近哀求地说道。

于是，老鼠大王派出了那个出主意的最聪明的老鼠。可这只老鼠"哧溜"一声离开了会场，从此，再也没有见到它。

就这样，老鼠大王一直到死，也没有实现给猫系铃的夙愿。

铃铛如果系不到猫的脖子上，那等于什么都没有，同理，责任如果不落实到行动中，那我们的工作永远都不可能做好。

俄国寓言家克雷洛夫说过："现实是此岸，理想是彼岸，中间隔着湍急的河流，行动则是架在川上的桥梁。"任何伟大的计划、目标和责任，若想产生一个优质的结果，那最终必然要落实到行动上，就像种子只有深埋于地下，最后才能开花结果。所以，我们要把心里知道的、嘴上说的、纸上写的、会议上定的，统统化作具体的行动，然后用行动去诠释岗位责任，最后出色地完成自己的工作。

有一位叫张誉的年轻人对写作抱有极大的兴趣，期望自己能成为一个大作家。面对自己的远大目标，他总是说："我要构思出最曲折离奇的情节，写出最优秀的作品。我满怀雄心地构思文章框架，眼看着一天过去了，一星期、一年也过去了，仍然不敢轻易下笔。"

而另一位和他有着同样目标的年轻人王贤却说："我把重点放在如何使我的才智有效发挥上。在没有一点儿灵感时，我也要坐在书桌面前奋笔疾书，像机器一样不停地动笔，不管写出的句子如何杂乱无章，只要手在动就好，因为手动能带动心动，会慢慢地将文思引导出来。"

三年后，张誉还在构思他伟大的作品，而王贤早已出版了好几本书。

在职场上，很多人之所以一事无成，多半也是因为他们有着和故事中的张誉一样的毛病——光说不做。他们总是幻想着自己有朝一日能获得成功，然而等到他们真正面对平凡的生活和琐碎的工作时，他们又打起了退堂鼓，将之前在嘴上高谈阔论的梦想和责任，重新收入囊中，让它们在蒙灰中度过余生。

众所周知，企业是一个非常注重行动和实践的地方，企业管理者评判我们是否具备一定的工作能力，往往不是看我们"怎么说"，而是看我们"如何去做"。在他们看来，一个能"做到"的员工，才是岗位责任最佳的诠释者，而一个只能"说到"的员工，除了白日做梦，一点成就也做不出来。

被誉为"人生圣经"的《羊皮卷》中有这么一段话："一张地图，不论多么详尽，比例多么精确，它永远不能带着它的主人在地面上移动半步。一个国家的法律，不论多么公正，永远不能防止罪恶的发生。任何宝典，即使我手中的《羊皮卷》，永远不可能创造财富。只有行动才能使地图、法律、宝典、梦想、计划、目标具有现实意义。行动，就像食物和水一样，能滋润我，使我成功。"

其实，人与人在智力和体力上的差别并不大，很多事情，很多目标，很多责任，很多前景，大多数人心里都很清楚，也能轻松地表达出来，但是能不能做到，最后做的结果如何，却是千差万别。

所以，面对工作，唯有知行合一，用行动去诠释责任，打破各种困境，解决各种问题，我们才能在事业上马不停蹄，一路奔向成功，最终成就一个卓越的自己。

用最高的标准去做事

在职场打拼，我们都想成为老板眼中的优秀员工，可究竟做到什么程度才算是优秀呢？相信每一位员工都曾被这个问题困扰过。有的人认为，优秀就是踏踏实实地把老板交代的工作做好，有的人则认为，优秀不仅是要完成老板分配的任务，还要制定一个更高的目标，努力超过老板预先的期望。

毫无疑问，后者所定义的优秀才最契合老板的真实心意。

在工作中，如果我们完成的每一项工作都达到了老板的要求，那当然是一件好事，我们可以称得上是一名合格的员工，我们不会丢掉自己的饭碗，幸运的话或许还有机会加薪升职，但是我们永远无法让老板刮目相看，永远无法成为老板的重点栽培对象。只有恪尽职守，全力以赴地去工作，超过老板对我们的期望，我们才能给他留下深刻的印象，让他眼睛一亮，才能让他在关键时刻想起我们，给予我们一个更大的舞台施展自己的才干。

刘一鸣是一个对工作十分负责的人，他不仅能将公司安排给自己的所有事情做好，还能超过老板预期的期望。因此，老板对他的工作表现很满意，很快就提拔他为自己的特助，辅助自己处理日常的事务。

同事们都很佩服刘一鸣，认为他这样刚参加工作没多久的人会有如此快的晋升速度，肯定有属于自己的一套秘诀。于是，大家都跑去向刘一鸣取经，可刘一鸣每次"揭秘"都是一句话："哪有什么秘诀呀，把工作做好就行了！"对于这样的回答，同事们当然不买账，他们觉得刘一鸣是在刻意隐瞒，于是都很不满。

一次，老板需要一份文件，让公司的另一名员工小美打印。这时，刘一鸣刚好从旁边路过，他看到打印出来的文件，立刻皱眉道："小美，你这样不行，赶快再重新打印一份，把字号调到小四，行间距调到 1.5 倍。"

小美疑惑道："不用吧，老板刚只说让我把这份文件打印出来，没说要调这调那呀！"听完她的话，刘一鸣严肃地说道："这可不行，我们做任何事情，都要超过老板的预期，他虽然只要求你打印一份文件，但身为员工，你有责任将这份文件打印得更清晰一点儿，这样老板看起来才更舒服。"

刘一鸣的话让在场的所有同事都不由得点头称是，大家终于明白他成功的秘诀究竟是什么，那就是不仅完成任务，更要超出老板的期望。

在现实生活中，很多人面对工作都只是照本宣科，老板让他们怎么做，他们就怎么做，从来都没想过要将工作做得更好。试问，这种对待工作不够负责的态度又怎会得到老板的青睐和赏识呢？如果继续这么工作下去，我们的职场之路只会越走越窄，最后进入一个逼仄的死胡同。要知道，对于老板来说，只有那些像刘一鸣一样能准确掌握自己的指令，并主动加上本身的智慧和才干，把指令内容做得比预期还要好的人，才是他们苦苦寻找的优秀员工。

著名投资专家约翰·坦普尔顿通过大量的观察研究，得出了一条很重要的原理："多一盎司定律"。所谓的"多一盎司定律"，意即只要比正常多付出一丁点儿就会获得超长的成果。约翰·坦普尔指出：取得中等成就的人与取得突出成就的人几乎做了同样多的工作，他们所做出的努力差别很小——只是"一盎司"。但其结果，所取得的成就及成就的实质内容方面，却经常有天壤之别。

为了更好地理解"多一盎司定律"，我们不妨来看一看下面这个故事。

佛堂里的一块大理石地面有一天抬起头来对佛像说："我们原本来自同一块石头，可现在我躺在这里，灰眉土脸，受万人踩踏，而你却站在那里，高高在上，受万人膜拜，世道为什么如此不公平呢？"

佛像说："是的，我们来自深山同一块石头，但我经过了几个石匠数年的打磨，才站在了这里，而你只接受了简单的加工，所以你就只能铺在地上给人垫脚。"

同为石头，最后却有着截然不同的命运，其中的差别就在于那"一盎司"。

由此可见，面对工作，只要我们多一点点责任感，在高质量完成任务的同时，再超出老板的期望多做一些事情，并将这些事情做得更完美，那肯定能让老板领略到喜出望外的感觉，如此一来，他势必会对我们建立起更高的信任和依赖，从而在有限的资源分配中向我们倾斜，而我们也必将比其他人更加接近成功。

成功学的创始人拿破仑·希尔曾经聘用了一位年轻的小姐当助手，替他拆阅、分类及回复他的大部分私人信件。她的主要工作就是听拿破仑·希尔口述，记录信的内容。

有一天，拿破仑·希尔口述了下面这句格言：记住，你唯一的限制就是你自己脑海中所设立的那个限制。从那天起，她把这句格言深深地刻在了自己的心里，并付诸行动。她开始比一般的速记员提早来到办公室，而且在用完晚餐后又回到办公室，从事不是她分内而且也没有报酬的工作。

她开始研究拿破仑·希尔的写作风格，不等口述，直接把写好的回信送到拿破仑·希尔的办公室来。由于她的用心，这些信回复得跟拿破仑·希尔自己所能写的完全一样好，有时甚至更好。

　　她一直保持着这个习惯，直到拿破仑·希尔的私人秘书辞职为止。当拿破仑·希尔开始找人来补这位男秘书的空缺时，他很自然地想到这位小姐。实际上，在拿破仑·希尔还未正式给她这项职位之前，她已经主动地接受了这项职位。

　　这位年轻小姐的办事效率太高了，因此也引起其他人的注意，很多更好的职位对她虚位以待。对这件事拿破仑·希尔实在是束手无策，因为她使自己变得对拿破仑·希尔极有价值，她的价值还不止于她的工作，更在于她的进取心和愉快的精神，她给公司带来了和谐和美好。因此，拿破仑·希尔不能冒失去她做自己的帮手的风险，不得不多次提高她的薪水，她的佣金达到她当初来拿破仑·希尔这儿当一名普通速记员的4倍。

　　优胜劣汰一直是职场永恒不变的生存法则。那些在工作上达不到老板要求的人迟早会被淘汰，而那些刚好能达到老板要求的人，则会继续自己平淡的工作，只有那些超越老板期望的人，才会被单独叫进老板的办公室，老板会额外地给予他们一些极具挑战性的重要工作，让他们有机会磨炼自己，获得迅速地成长。

　　所以，在实际的工作中，我们不仅要完成任务，更要超过期望，只有这样，成功才会降临到我们身上！

力争创造一流业绩

经常听见有员工抱怨工作太过繁重，薪水太过微薄，好像自己吃了多大亏似的，他们从来没有真正反省过自己，也没有意识到丰厚的报酬其实是建立在业绩之上的。也就是说，我们若想在职场上升职加薪，首先就必须创造出一流的业绩。

那一流的业绩又从何而来呢？毫无疑问，如果我们对工作缺乏一流的责任心，做事不认真，处处投机取巧，随时担心自己所耗费的精力和时间已经超过薪水的报酬，那我们是没办法创造出一流的业绩的。唯有在工作中恪尽职守、全力以赴，我们才能创造出突出的工作业绩，让老板对我们另眼相看。

费海凡是一家家具厂的采购员。由于企业计划进一步扩大生产规模，为了提高产品质量以增强市场竞争力，企业决定从东北地区引进一批优良木材，于是，公司派费海凡去采购这批木材。很多同事得知此事后，都很羡慕他能有如此"肥差"，因为这次公司采购的份额很大，只要在报价上略施小计，最后肯定能捞不少的"外快"。

到了东北以后，费海凡并没有直接联系供货商，而是先到木材市场做了一番深入细致的调查。他联系到了几个同行，大家在一起交流后，费海凡发现自己所要采购的这批木材的市场价格比供货商开出的价格要低五个百分点。于是，费海凡对市场作了进一步的研究分析，很快就得到了供货商的价格底线。

费海凡并没有隐瞒这个事实，他立即将自己所掌握的信息向公司做了汇报，在接到公司要求他全权负责的通知之后，他才开始找供货商谈判。由于已经提前对市场做了调查，费海凡并没有被供货商的花言巧语所迷惑，最终以很低的价格签订了购买合同，为公司省了一大笔采购资金。

基于费海凡对工作认真负责的态度以及创造的一流业绩，他很快就受到了公司的重用，被任命为供应部门的主管经理。

通过这个故事，我们可以得出一个结论：一个人要想在公司里占有一席之地，就必须意识到，突出的工作业绩才最有说服力。换句话说，只有对自己的工作全力以赴，尽职尽责，为公司赚取更多的利润，我们才能在职场中稳操胜券。

所以，每一位员工从进公司的那一刻起，一定要多问问自己"我能为公司做什么？"，而不要问"公司能给我什么？"。要知道，我们工作都是在书写自己的人生简历，当我们凭借积极主动、认真负责的工作态度创造出一流的业绩时，我们的人生简历必然因此变得丰富多彩，公司老板也自然会看到我们的能力和价值，从而在工作上给予我们更多宝贵的机会。

迈克尔是派希公司的一名低级职员，他有个外号叫"奔跑的鸭子"。因为他总像一只笨拙的鸭子一样在办公室飞来飞去，即使是职位比他低的人，都可以支使迈克尔去办事。后来，他被调入到销售部。

有一次，公司下达了一项任务：必须在本年度完成 500 万美元的销售额。销售部经理认为这个目标是不可能实现的，私下里他开始怨天尤人，并认为老板对他太苛刻。只有迈克尔一个人在拼命地工作，到离年终还有 1 个月的时候，迈克尔已经全部完成了他自己的销售额。但其他人没有迈克尔做得好，他们只完成了目标的 50%。

很快，经理主动地提出了辞职，而迈克尔则被任命为新的销售部经理。"奔跑的鸭子"迈克尔在上任后的一个月里，忘我地投入工作。他的行为感动了其他人，在年底的最后一天，他们竟然完成了剩下的50%。

不久，派希公司被另一家公司收购。当新公司的董事长第一天来上班时，他亲自点名任命迈克尔为这家公司的总经理。原来，在双方商谈收购的过程中，这位董事长多次光临派希公司，这位始终"奔跑"着的迈克尔先生给他留下了深刻的印象。

不难发现，如果迈克尔没有一流的责任心，他是不可能创造出如此骄人的业绩的，他也不可能获得比别人多的机会。

其实，对工作恪尽职守、全力以赴的表现之一就是创造出一流的业绩，唯有一流的业绩能给企业带来丰厚的利润。著名企业家松下幸之助先生说过："企业家不赚钱就是犯罪。"因此，作为企业的一分子，我们每个人都要认真工作，处处为企业考虑，努力做一个业绩最好的出色员工。

古罗马皇帝哈德良手下的一位将军，觉得他应该得到提升，便在皇帝面前提到这件事，以他的长久服役为理由。"我应该升到更重要的领导岗位，"他说，"因为我的经验丰富，参加过10次重要战役。"

哈德良皇帝是一个对人才有着高明判断力的人，他并不认为这位将军有能力担任更高的职务，于是他随意指着绑在周围的战驴说："亲爱的将军，你看这些驴子，它们至少参加过20次战役，可它们仍然是驴子。"

在工作中，很多人和故事中的那位将军一样，误以为经验和资历是衡量能力的标准，其实不然。实际上，许多公司的管理者都把业绩视为考核员工能力的标准，唯有业绩才能体现员工的价值，让员工"物有所值"，得到他应有的报酬。

　　所以，不管在公司的地位如何，自己的学历如何，我们都要时刻坚守自己对岗位的责任，争取用一流的责任心，创造出一流的业绩，实现自己的梦想。

全力以赴，打造自己的铁饭碗

据一份抽样调查显示，认为自身在本职岗位上具备绝对的竞争优势的白领仅占调查人数的 10.8%，有 23% 的调查者表示自己具备一定的优势，而剩下的 66.2% 的受访者则表示自己人微言轻，只懂一些基本技能，并不具备职场的核心竞争力。

在经济学中，有一个词语叫"替代性"，它是指如果商品的同类使用功能基本相同，那么其他的生产者也可以生产出同类的产品来替代你的产品，从而抢占市场份额。因此，一种商品的可替代性高，往往预示着它的价值不会很高。

换个角度看，人才其实也是一种特殊的商品，我们要想在职场上获得高薪和升职，巩固自己的地位，就必须恪尽职守，全力以赴地去工作，让自己具备其他员工无法替代的能力，打造属于自己的职场"铁饭碗"。

文艺复兴时期，画家米开朗琪罗在一次修建大理石碑时，同他的赞助人教皇朱里十二世发生了激烈的争吵，米开朗琪罗为此感到非常地愤怒，他甚至扬言要离开罗马。

当时，所有的人都觉得米开朗琪罗的行为实在太过大胆，这一下，教皇朱里十二世肯定会怪罪他，并撤销对他的赞助。但没想到的是，教皇朱里十二世不仅没有惩罚米开朗琪罗，反而和颜悦色地极力挽留他。

众人见了都很纳闷，教皇朱里十二世却心如明镜。他深知，即便没有他的赞助，米开朗琪罗也一定可以再找到一位新的赞助人，但他却永远无法找到另一个才华横溢的米开朗琪罗。

可以看到，米开朗琪罗虽然脾气火爆，但他对自己的工作向来是尽职尽责，无比热爱，所以他才拥有非同寻常的艺术才华。而他在艺术上的造诣俨然成了他的"铁饭碗"，以至于身份无比尊贵的教皇朱里十二世也要礼让他三分。

可以毫不夸张地说一句，正是责任让我们变得不可替代，正是责任成就我们在职场的"铁饭碗"。要知道，在这个社会上，对工作尽职尽责的优秀人才，不管走到哪里，都为企业所需要，所以，我们需要做的，就是在工作岗位上恪尽职守，努力找出更有效率、更好的办事方法，提升自己在老板心目中的地位，最后成为老板心目中不可替代的卓越员工。

露宝是一个拥有 4 个孩子的 42 岁的母亲，她之前从事过文秘工作、档案管理和会计员等不少后勤工作。但这些工作都做得不长，后来一直在家里操持家务。

微软在创业初期，董事长比尔·盖茨想招一名女秘书，在众多应聘者中，露宝被盖茨看中了。盖茨认为公司在创业初期，百废待兴，各种事情都等着他去做，而内务、管理方面的杂事正是他所欠缺的。此时，露宝无疑是一个最理想的人选，首先，她 42 岁，这种年龄有稳定性；其次，她多年在家操持家务，说明有内务、管理方面的经验；最后，她是 4 个孩子的母亲，自然会有家庭观念，这种家庭观念也会带到微软公司中来。

值得一提的是，当时的盖茨只有 21 岁，还是一个外形清瘦、头发蓬乱的大男孩。露宝得知年轻的盖茨是自己的老板后，心想，一个给人印象如此稚嫩的董事长办实业，恐怕会遇到很多困难，而身为他的秘书，自己有责任把后勤工作做好，最大限度地为其分忧解难。

就这样，露宝成了微软公司的后勤总管，她负责发放工资、记账、接订单、采购、打印文件等工作，从来都没让盖茨操心过。

后来，当微软公司决定迁往西雅图，露宝却因为丈夫在亚帕克基有自己的事业而不能跟着盖茨一起走时，盖茨对她依依不舍。临别时，盖茨还握住她的手动情地说："微软公司永远为你留着空位，随时欢迎你来！"

三年后的一个冬夜，在西雅图微软公司的办公室里，比尔·盖茨正因后勤工作不力而烦恼。这时，一个熟悉的身影出现在门口。"我回来了。"这个声音比尔·盖茨再熟悉不过了，因为那是露宝的声音。她已经说服了丈夫，举家迁至西雅图，继续为微软公司、为仍然年轻的董事长效力。

微软帝国的崛起，露宝实在是功不可没。年轻的盖茨影响了世界历史，而作为这位风云人物的秘书，露宝也获得了事业上的成功。

毫无疑问，当一个人高度负责地完成自己的工作时，这就说明，他在这个行业内已经是不可替代的。换句话说，一个敬业的人，是永远不会失业的，露宝的故事刚好说明了这一点。正是因为露宝对工作的恪尽职守，她才将自己的后勤工作做得如此出色，最后牢牢地守住了自己在职场的"铁饭碗"。

一个拥有高度责任感，在工作中恪尽职守的人会在不知不觉中成长，他的能力、经验、资历都会因为这种高度责任感而变得越来越强，这样的人，无论是在哪个岗位上、哪家公司里，都拥有了自己的"核心竞争力"，而这样的人，是不用担心找不到属于自己的职位。

总之，身为员工，在工作中认真履行职责是我们完善和发展自我的重要手段。当我们凭借恪尽职守在工作上表现突出时，自然可以博得领导的好感和欣赏，从而谋得一个重要的职位，逐渐成就一番耀眼的事业。

马耳他有位王子从外地办完事深夜回宫，看到自己的一个仆人正紧紧地抱着他的一双拖鞋睡觉，他上去想要把那双拖鞋拽出来，却怎么也拽不动，反而把仆人惊醒了。这个仆人给王子以很大的震撼：对小事都如此尽职尽责的人一定可以对其委以重任。后来他把这个仆人提拔为自己的贴身侍卫。

结果证明这位王子的判断是正确的：这个年轻人很快升到了事务处，最终当上了马耳他的军队司令。

面对工作，越是恪尽职守，全力以赴，最后越是能得到工作的优待。我们每一个人都必须明白这个道理，唯有如此，我们才能打造职场"铁饭碗"，从此高枕无忧，不用担心自己会被残酷的职场所淘汰！